教育部高等学校轻工类专业教学指导委员会"十三五/十四五"规划教材

运 输 包 装

王志伟　编著

中国轻工业出版社

图书在版编目（CIP）数据

运输包装/王志伟编著. —北京：中国轻工业出版社，
2020.12

ISBN 978-7-5184-3229-5

Ⅰ.①运… Ⅱ.①王… Ⅲ.①运输包装-包装设计
Ⅳ.①TB485.3

中国版本图书馆 CIP 数据核字（2020）第 201698 号

内 容 简 介

本书围绕物流中产品防护设计主题，系统介绍运输包装的原理、分析、设计和评价方法。内容包括：物流环境条件，脆值及其评价方法，缓冲包装材料，缓冲包装设计，运输包装系统设计，运输包装试验评价。

本书以设计为主线，按教育部轻工类专业教学质量国家标准、包装工程专业规范的要求组织知识体系，以运输包装设计涉及的六大方面组织章节展开，突出了运输包装设计的创新性和实践性，突出了运输包装的系统设计思想和要求。通过讲深讲透基本概念、设计方法和试验评价技术，适度引入最新运输包装技术和科研前沿成果，使内容体现先进性。

本书是作者从事运输包装教学和科研 25 年来的体会和总结。作者主讲的"运输包装"课程入选首批国家级一流本科课程（线下），配套"运输包装"慕课已在中国大学 MOOC 上线。本书适合作为高等院校包装工程专业及相关专业本科生和研究生教材，也适合作为包装、物流等领域技术人员学习用书。

责任编辑：杜宇芳

策划编辑：杜宇芳　　责任终审：李建华　　封面设计：锋尚设计

版式设计：霸　州　　责任校对：吴大鹏　　责任监印：张　可

出版发行：中国轻工业出版社（北京东长安街 6 号，邮编：100740）

印　　刷：三河市国英印务有限公司

经　　销：各地新华书店

版　　次：2020 年 12 月第 1 版第 1 次印刷

开　　本：787×1092　1/16　印张：13.75

字　　数：310 千字　插页：2

书　　号：ISBN 978-7-5184-3229-5　定价：58.00 元

邮购电话：010-65241695

发行电话：010-85119835　传真：85113293

网　　址：http://www.chlip.com.cn

Email：club@chlip.com.cn

如发现图书残缺请与我社邮购联系调换

191133J1X101ZBW

前　　言

产品运输包装是随着人类社会的变革、生产的发展和科学技术的进步逐渐发展的，运输包装发展史就是人类科技发展史的一个缩影。

现代材料技术、运输技术、信息技术和智能技术的快速发展，为产品运输包装的绿色、安全、信息化和智能化发展拓展了无限空间。

"运输包装"是包装工程专业的核心课程，本书围绕物流中产品防护设计主题，以设计为主线，介绍运输包装系统的原理、分析、设计和评价方法。

按"运输包装"课程特点和在包装工程专业人才培养中的定位，本书重组和优化了课程内容和知识体系。重点解决了以下几个问题：

第一，按培养学生运输包装设计能力这一主线，课程内容分模块组织优化成六章。

第二，突出运输包装设计的创新性和实践性。在各章内容组织中，在概念、技术、方法、设计的引入中，体现创新思维和创新能力培养。实践性主要体现在运输振动环境调研、设计举例分析、综合实验、运输包装系统设计等方面。

第三，突出运输包装的系统设计思想和包装标准化、集装化、绿色化、安全化和智能化的系统要求。在第五章运输包装系统设计中，分运输包装技术、容器设计、集装单元设计和信息功能实现等方面展开。在附录二中给出了运输包装系统设计指导书。

第四，适度引入最新技术。如：包装件破损边界、能量吸收图、冷链运输包装技术、智能运输包装技术、动态设计技术、加速振动试验技术等。

第五，该课程涉及众多方面知识点，与其他课程交叉重叠多，这是处理的难点。我们对知识点进行了系统梳理，围绕设计涉及要素，取舍知识点，与其他课程内容合理划分和衔接。

本书以培养学习者给出运输包装系统完整解决方案为主要目标，基于本书的"运输包装"课程教学应包含课堂教学、实验和运输包装系统设计三部分。实验包括缓冲包装材料缓冲性能实验和运输包装振动与跌落综合实验，运输包装系统设计为针对某一产品（机械产品、电子产品、食品、果蔬等）给出运输包装系统完整解决方案。书后附录给出了"运输包装"课程实验教学大纲和指导书、运输包装系统设计指导书和《运输包装》各章测验题。

本书的编著参阅和引用了大量的现有文献，包括作者本人的研究成果，主要参考文献已在书后列出，引用标准已在书中列出。在此，向所有引用书籍、期刊论文和标准的作者深表感谢！

尽管作者经历了长期的努力编著出版本书，但由于本书涉及知识面广，限于作者的学识和经验，书中不足之处难免，敬请读者指正。

感谢国家重点研发计划项目（2018YFC1603200/2018YFC1603205）和国家自然科学基金项目（50775100）的支持！

2020 年 6 月于广州暨南园

目　　录

绪　　论

第一节　运输包装的发展

运输包装是指为在物流过程中保护产品、方便贮运、传递信息，按一定的原理、技术、方法而形成的包装和集装方式及其所进行的包装技术活动。

一、运输包装容器和集装器具的发展

产品运输包装是随着人类社会的变革、生产的发展和科学技术的进步逐渐发展的。工业革命前，人们主要采用天然材料制成的陶罐、麻袋、木桶、木箱、竹箱等容器贮运农产品。1620 年德国人发明了金属桶制造技术，1856 年英国人发明了瓦楞纸，随后（1870′s—1890′s）美国开始制造瓦楞纸板、瓦楞纸箱，用于产品运输包装，后来逐步取代木箱，成为当今应用最广泛的产品外包装容器。20 世纪初发明的塑料，开辟了材料科学的新时代，塑料膜、瓶、箱、桶、袋很快被应用于产品包装领域，各种发泡塑料相继被开发出来，并用于产品缓冲。托盘发明于 20 世纪 30 年代，并迅速成为重要的集装运输器具。集装箱于 20 世纪 50 年代大量应用于产品的集装运输，大大提高了产品物流的效率和标准化。图 0-1 所示为目前典型的运输包装容器和集装器具。

二、运输包装技术的发展

同步于运输包装材料、容器和集装器具的发展，各种运输包装技术相继呈现，以保护产品免受气象、生化、机械、电磁等物流环境的危害。如：缓冲包装技术，防潮、防霉、防锈运输包装技术，防静电、防磁、防辐射运输包装技术，收缩包装技术，拉伸缠绕包装技术，冷链运输包装技术，智能运输包装技术等。图 0-2 所示为目前典型的运输包装技术。

除了防护技术外，运输包装信息传递技术也得到了迅速的发展。1949 年，条形码技术获得美国专利。1970 年，美国制定了通用商品代码，开发了自动识别系统。20 世纪 90 年代，二维条码技术诞生，射频识别技术（radio frequency identification，RFID）实用化，大大提高了运输包装信息传递和物流信息化水平。近年来，物联网技术、5G 通信技术和现代传感技术的快速发展，为产品运输包装的信息化、智能化发展拓展了无限空间。图 0-3 所示为目前典型的运输包装信息传递技术的示意。

三、运输包装设计理论的发展

随着包装容器、集装器具和运输包装技术的发展，运输包装的设计理论也应运而生。1945 年，贝尔电话实验室 Mindlin 建立了包装动力学的经典理论。1968 年，Newton 提出

图 0-1　运输包装容器和集装器具

图 0-2　运输包装技术

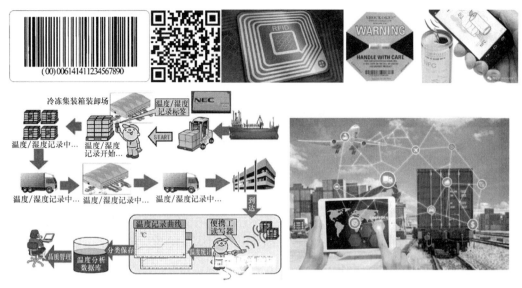

图 0-3　运输包装信息传递技术

了产品破损边界理论，随后，美国开发了相应的冲击实验设备，打开了运输包装最为基础的数据——产品脆值的实验测定之门，为产品运输包装设计奠定了基础。在此基础上，提出了运输包装设计的 5 步法和 6 步法，明确了运输包装设计的框架步骤。20 世纪 90 年代，有限元方法和 CAD/CAE 技术应用于产品运输包装设计，相应的运输包装专用分析设计软件被开发，并在包装工业界得到广泛应用。近十几年，运输包装设计理论与技术向纵深发展，跌落破损边界理论、缓冲包装吸能理论、运输包装系统子结构分析技术、运输包装动态设计技术、集装单元分析设计技术、三轴随机振动试验技术、加速振动试验技术等不断涌现，为精准设计和评价产品运输包装奠定了基础[1]。其中，中国学者作出了重要贡献。

中国特色社会主义进入了新时代，中国正在从包装大国变成包装强国。现代物流尤其是现代快递业的迅猛发展，在中国大地催生了一批新的、绿色运输包装材料、容器、技术、理论和标准，为产品的国际、国内流通提供了有力保障。

第二节　运输包装的功能和作用

运输包装应具有以下功能和作用：

（1）保障产品物流安全　运输包装设计应考虑流通环境条件对产品可能造成的危害，采用合理的运输包装技术，科学、有效保障产品物流安全。

（2）提高物流效率　运输包装需要科学合理地设计产品包装和集合包装，提高储运空间利用率，提高装卸搬运、运输、储存的操作效率。

（3）传递、交流信息　运输包装需要给生产商、物流商、销售商、消费者传递和交流产品、位置、状态、安全等信息。

（4）兼顾促进产品销售　通过外包装容器的适当造型、彩印、开窗设计，兼顾美化、渲染和促销产品功能的实现。

第三节　本书内容介绍

《运输包装》课程是包装工程专业的主干核心专业课程。本书围绕物流中产品防护技术主题，系统地介绍运输包装系统的原理、分析、设计和评价方法[2]。内容体系结构如下：

绪论

第一章　物流环境条件

第二章　脆值及其评价方法

第三章　缓冲包装材料

第四章　缓冲包装设计

第五章　运输包装系统设计

第六章　运输包装试验评价

本书的特点为：

（1）以设计为主线，以运输包装设计涉及的六大方面组织专题（章节）展开，兼顾理论、分析、设计、材料、工艺及试验评价、综合训练等多个方面，工程性强、涉及知识面广。

（2）按轻工类专业教学质量国家标准、包装工程专业规范的要求重组和优化了知识体系，按能力和素质要求、按运输包装系统设计要求重组和优化了各章节模块。

（3）通过讲深讲透基本概念、设计方法和试验评价技术，适度引入最新运输包装技术和科研前沿成果，使内容体现高阶性、创新性和挑战度。

第一章　物流环境条件

第一节　物流环境

工程设计，首先要明确设计条件。比如设计一个桥梁、一个构筑物，首先需要明确它在建成使用时受到的外界载荷是怎样的？有多大？如车辆的载荷、风雪载荷、地震载荷等。设计一个产品的运输包装也一样，为保证产品在流通过程中是安全的，首先要知道流通过程中外界环境对产品的作用有哪些类型？严酷程度如何？这种作用称为产品物流环境条件或流通条件。

想象一下，比如空调产品，在珠海生产流通到北京，会经历哪些环境呢？这些环境会影响到空调的性能或安全性吗？第一类是物理或机械环境，包括振动、冲击、静压、动压等。不管空调是通过什么方式来运输，卡车、火车、货船运输，它都会受到振动冲击，中转堆码时会受到静压，运输中空调包装之间会产生动压；第二类是气象环境，包括温度、湿度、水分、辐射、盐雾等；还有生物化学环境，比如有害气体、霉菌、微生物等，也会对产品安全构成威胁。所以，产品物流环境是十分复杂的，我们需要有一个规律性认识，这就是本章需要讨论的内容。

一、产品流通过程

现代物流作为一种先进的产品组织方式和管理技术，在经济和社会发展中发挥了重要作用。产品必须经流通过程才能实现其功能和价值。流通过程是指产品从制造商到消费者的实体流动全过程，包括运输、中转、配送、装卸、搬运、仓储、陈列、销售、消费等环节。图 1-1 所示为典型的流通过程。

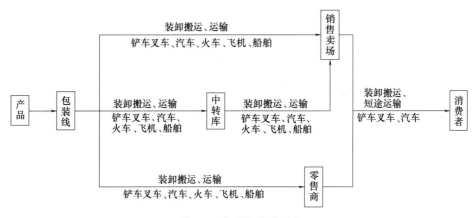

图 1-1　典型的流通过程

二、产品流通基本环节

上述典型流通过程看起来很复杂，但实际上是由三个基本环节组成的，即装卸搬运环节、运输环节和储存环节。每一产品的流通过程都是这三个基本环节的排列组合。

1. 装卸搬运环节

包装件在流通中要经历装卸和短距离搬运作业，操作不慎，包装件会发生跌落或碰撞而破损。包装件重量和体积会影响装卸搬运作业方式，装卸搬运作业分为人工和机械两种方式。对重量轻、体积小的产品，人工装卸方便、效率高，但对过小过轻产品会导致抛扔。对较重、体积较大产品，适合机械装卸作业，机械装卸的突然启动、紧急刹车、过急的升降均会对包装件造成冲击。机械装卸发生跌落的高度要小一些，破损率要小，破损程度也轻微。可见，合理设计包装件重量和体积，合理配置手孔、提手、捆扎带、醒目的搬运标志等，都有利于正常装卸搬运作业。

2. 运输环节

运输是包装件从制造地到消费地的必要环节，运输分陆路运输、水路运输和空运，长途运输工具有汽车、火车、船舶和飞机等，短途运输工具有铲车、叉车、电动车和手推车等。运输过程对包装件造成损害的因素有：

（1）冲击　运输工具启动、急刹车、转向、加速或减速，跨越路面障碍物等会对包装件产生加速度脉冲作用，包装件间、包装件与运输工具容易发生冲击。

（2）振动　运输工具受路面、钢轨接缝、发动机振动、水域风浪、空气气流等因素影响，产生三向随机振动。

（3）气象条件　长途运输产品会经历不同气候以及温度、湿度、气压等变化，这对产品特别是食品药品会构成潜在威胁。

（4）其他因素　运输过程中的各种生物和化学环境也会对包装件产生损害。

3. 储存环节

储存是产品流通过程中的一个重要环节。储存方式和环境（温湿度）、堆码重量和高度、储存周期等会影响产品流通安全。堆码压力会使包装件产生蠕变。所以，运输包装设计时要校核堆码强度和限制堆码高度。

三、流通环境条件

表1-1所示为流通环节中的危害因素及产品可能产生破损的原因。例如冲击，在装卸搬运过程中的一次跌落，铲车或吊车突然起升或是突然放下，火车车轮经过钢轨接缝，汽车紧急刹车，这些都是冲击可能发生的情况；又如动压，堆码运输时就会产生动压，如果动压过大或作用较长，可能会损坏瓦楞纸箱外包装和产品。

包装件在流通过程中所经历的一切物理、化学、生物等外部条件统称为流通环境条件。流通环境条件会对包装件造成危害，这种危害与流通环境条件的恶劣程度有关，所以，定量分析和评估流通环境条件，掌握其一般规律，是运输包装设计的前提。

表 1-1		流通环节危害产品的因素
环境类别	具体因素	损害包装的原因
机械环境	冲击	装卸搬运时的跌落、翻滚,运输工具颠簸,车辆刹车时的水平碰撞,飞机降落,吊钩、叉子等尖锐物的扎、刺等
	振动	路面不平、道路或路轨接缝、风浪、运输工具结构振动等
	静压力	仓储堆码、起吊拉紧力、各种约束力等
	动压力	包装件和集装单元振动与冲击、货物上下前后间碰撞等
气候、生化环境	温度及变化	长距离运输、太阳照射、夜间天气寒冷、临近热源等
	湿度及变化	长距离运输、吸湿、透湿等
	气压变化	高海拔、环境温度骤升或骤降等
	光照	射线作用、光化学降解等
	水	雨淋、溅淋、高湿、水蒸气环境、冷凝等
	盐雾	化学腐蚀作用等
	沙尘	沙漠及多尘地带作用等
	生物	微生物、霉菌、昆虫、鼠等
	放射性	放射性污染等
人为环境	野蛮装卸	抛掷、操作不规范等
	偷盗	撬、砸破坏等

对危险品而言,如有毒物品、化工产品、易燃易爆品、放射性物品、农药等,其包装不仅要防止流通环境条件对产品的损害,而且还要防止产品对环境造成的意外污染和危害。

第二节　流通环境条件——冲击

什么是冲击?冲击是指系统受瞬态激励,系统物理量如位移、速度、加速度、应变、应力等发生特变的现象。冲击是造成产品物理破损的最主要的因素。

包装件的冲击主要发生在装卸搬运环节和运输环节,冲击又可以分为垂直冲击和水平冲击。较大的垂直冲击主要发生在装卸搬运中的包装件跌落和车辆快速跨越高低障碍物时,较大水平冲击主要发在车辆突然启动或制动、货车的编组溜放和转轨、飞机着陆、船舶靠岸时。有的时候水平冲击和垂直冲击组合在一起同时发生,如快速行驶的汽车紧急刹车跨越障碍物时。

一、装卸搬运过程的冲击

无论是人工装卸还是机械装卸,包装件的跌落冲击会对产品造成很大危害,其脉冲冲击大小取决于跌落高度、产品重量、缓冲材料性能和地面刚性。图 1-2 所示为某液晶显示器包装件跌落时显示屏上表面中心的加速度脉冲冲击波形与重要跌落参数——跌落高度(50~150cm)的关系,50cm 高度包装件跌落时,液晶显示器加速度脉冲幅值可达 $100g$,作用时间 8.5ms。

包装件最大跌落高度与装卸方式有关,人工装卸时与其重量和体积(尺寸)有很大关

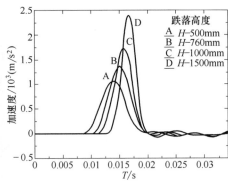

图 1-2　液晶显示器包装件跌落时显示屏加速度脉冲冲击

系，表 1-2 所示为最大跌落高度与包装件规格、装卸方式的调查统计结果，图 1-3 所示为最大跌落高度与包装件重量和体积的调查统计结果，图 1-4 所示为包装件跌落高度概率的调查统计结果[3]。

表 1-2　　　　　　　　　**最大跌落高度与包装件规格、装卸方式的关系**

货物参数		装卸方式	跌落参数	
质量/kg	尺寸/cm		跌落姿态	高度/cm
9	122	抛掷	端面或角跌落	107
9～23	91	一人携运	端面或角跌落	91
23～45	122	二人携运	端面或角跌落	61
45～68	152	二人搬运	端面或角跌落	53
68～90	152	二人搬运	端面或角跌落	46
90～272	183	机械搬运	底面跌落	61
272～1360	/	机械搬运	底面跌落	46
>1360	/	机械搬运	底面跌落	30

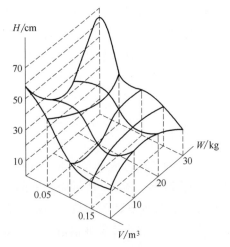

图 1-3　最大跌落高度与包装件重量和体积的关系

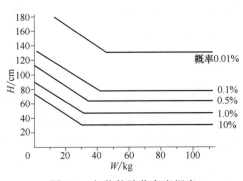

图 1-4　包装件跌落高度概率

注意，上述图表反映的是一定范围内的局部调查统计结果，仅供参考，应该说很难具有普遍性，这方面的调查数据也是非常缺乏的。但一些规律性的东西，如跌落高度与重量和体积（尺寸）之间的关系，我们还是可以体会到，相对而言，轻的、小的包装件的跌落高度比重的、大的包装件要高。

机械装卸最常见的设备是叉车和起重机，表1-3和表1-4所示为叉车和起重机作业时的冲击加速度统计值[3]。叉车作业时的冲击加速度主要发生在上下垂直方向，上升开始、前后倾斜作业时冲击加速度相对比较大，从30cm高度落下时冲击加速度可达3.0～4.0g。起重机吊装快速着地时冲击比较大，可达1.0～7.5g。

表1-3　　　　　　　　　　　　　　叉车作业冲击加速度统计值

作　　业		冲击加速度/(g)		
		上下	左右	前后
行驶6～7km/h	铺修路	0.2～0.3	0.2～0.3	0.1～0.2
	非铺修路	0.6～1.6	0.3～0.4	—
叉货	上升开始	1.7	—	—
	下降开始	0.2	—	0.3
	下降停止	0.4～1.0	0.1～0.2	0.4～0.8
	30cm高度落下	3.0～4.0	—	0.6～1.1
前、后倾斜动作		1.2～1.9	—	—

表1-4　　　　　　　　　　　　　　起重机作业冲击加速度统计值

作业	吊钩速度/(m/min)	冲击加速度/(g)	作业	吊钩速度/(m/min)	冲击加速度/(g)
起吊	10～13	0.1～0.15	正常着地	9～13	0.5～1.4
下降时紧急制动	—	0.9～1.2	快速着地	40～60	1.0～7.5

二、运输过程的冲击

运输过程的冲击分公路运输、铁路运输、水路运输和航空运输进行讨论，四种运输方式和运输工具不同，经历的路面、水面和空中环境不同，包装件受到的冲击也有较大不同。

公路运输产生的冲击主要取决于路面状况、车辆避震缓冲性能、车辆的启动和制动、车速等，也与载重量及装货固定方式有关，主要表现为水平冲击。遇到路面障碍时冲击较大，表现为垂直和水平冲击，一般可达几个g，甚至可达十几个g的水平。

铁路运输产生的冲击有三种。一种是车轮滚过钢轨接缝时的垂直冲击，(0.2～0.6)g；第二种是货车挂钩撞合时的水平冲击，货车地板加速度（1.5～2.0）g，货物上层可达7.0g；另一种是紧急刹车时的水平冲击，可达4.0g。表1-5所示为公路和铁路运输时对包装件产生的冲击调查统计结果[3]。

铁路运输的冲击大小主要取决于车辆行驶及连挂速度、车辆牵引装置的缓冲性能、载重量、装货高度、货物固定方式等。

水路运输有内河运输、近海运输和远洋运输,其冲击主要与风浪、船舶性能、装载重量、速度有关,受到的冲击加速度相对较小。

表 1-5   公路和铁路运输时产生的冲击

运输类型	运行状态		最大冲击加速度/(g)		
			上下	左右	前后
公路运输	30～40km/h	铺修路	0.2～0.9	0.1～0.2	0.1～0.2
		非铺修路	1～3	0.4～1.0	0.5～1.5
	越过2cm高障碍		1.6～2.5	1.0～2.4	1.1～2.3
	50～60km/h 车速刹车		0.2	0.3	0.7～0.8
铁路货运	30～60km/h	轨道上	0.1～0.4	0.1～0.2	0.1～0.2
		轨道接缝	0.2～0.6		
	一般启动和停车		—	—	0.1～0.5
	急刹车		0.6～0.9	0.1～0.8	1.5～1.6
	紧急刹车		2	1	3～4
	货车编组挂接		0.5～0.8	0.1～0.2	1.0～2.6

航空运输的冲击主要发生在飞机起降时,特别是降落时,起落架与地面接触的一瞬间会产生比较大的冲击,一般为 (1.0～2.0) g。冲击加速度大小与跑道状况、机种、着落姿态、速度、载重、风力等有关。

第三节　流通环境条件——振动

什么是振动呢?振动是指物体在其平衡位置附近所作的往复运动。振动是造成物流中产品物理破损的主要因素之一。包装件在物流环境所遇到的振动发生在运输环节,一般具有随机性,称为随机振动,需用统计量来描述。运输环节的振动与一系列的因素,如运输工具、运输环境、载重量、运输速度等有关,分公路运输、铁路运输、水路运输和航空运输进行讨论。四种运输方式和运输工具不同,经历的路面、水面和空中环境不同,包装件受到的振动也有较大不同。

一、公路运输振动

公路运输振动主要与路况、车型(车辆性能)、车速和载重量有关。不平路面的激励是车辆行驶时最主要的激励,其他激励,如发动机、传动系、轮胎、风载荷等,可作为次要因素考虑。

在我国,按使用任务、功能及流量将道路划分为高速公路、一级公路、二级公路、三级公路、四级公路等技术等级,按行政等级可分为国道、省道、县道、乡道、专用公路等。路面等级按面层类型划分为高级、次高级、中级、低级等。

图 1-5 所示为钢片弹簧悬架长春牌 2t 卡车,装载量为额定载重,经 500km 包括普通

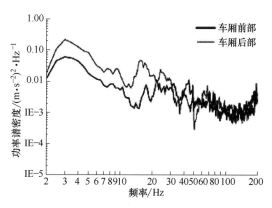

图 1-5 长春牌 2t 卡车前后车厢底板的垂直振动加速度功率谱

公路和泥泞土路等路况长途运输时，距车厢板最前端和最后端 0.3m 处的车厢底板的垂直振动加速度功率谱[4]。从图中可见，加速度功率谱最高峰值在 2～5Hz，次高峰值在 15～40Hz，在 40Hz 以上，功率谱明显下降。车厢前后部振动的均方根加速度分别为 $1.62m/s^2$、$1.91m/s^2$，车厢后部的振动强度明显高于前部。

二、铁路运输振动

铁路运输过程中，车辆的振动与运行速度、运行状态（如过道叉、过弯道、过桥梁、上下坡、过轨道接头）、轨道基础及平整度、载重量等都有一定关系。表 1-6 所示为 60t 位棚车运行时的振动情况[5]。可以看出，最大加速度在（0.3～4.2）g，振动基频在 4～8.5Hz，过轨道接头和过道叉时车辆垂直振动加速度较大。

表 1-6 60t 位棚车运行时的振动测试结果（沈阳—青岛）

振动 / 运行状态	上下方向		左右方向		前后方向	
	加速度峰值/(g)	基频/Hz	加速度峰值/(g)	基频/Hz	加速度峰值/(g)	基频/Hz
行驶速度(70km/h)	1.2～2.4	4～5	0.3～0.9	5	0.3～1.2	4～8.5
出站	0.3～1.2	—	—	—	—	—
进站	0.3～1.8	—	0.6	—	0.6	—
过道叉	1.8～4.2	—	—	—	—	—
车体摇摆	0.7～1.1	4～5.5	—	—	—	—
车体颤振	1.8～2.7	5～6	—	—	—	—
过轨道接头	2.0～4.0	5～6	—	—	—	—
过桥梁	0.6～1.8	—	—	—	—	—

三、水路与航空运输振动

水路运输船舶振动主要与风浪、船舶性能、装载重量、速度等有关，风浪的激励是船舶航行时最主要的振动激励。正常航行时振动加速度相对较小，遇到大风浪时，振动较大，可达几个 g。

飞机正常飞行时振动较小，遇到空气对流层或紊流层时，会产生剧烈的颠簸，瞬态振动加速度较大。

四、运输过程振动数据的获取

运输包装设计关注的是运输工具底板，即包装件底部的振动加速度激励，通常有两种方法获得这一激励。一是通过建立运输工具动态模型的分析方法获得，二是通过实际测试的实验方法获得。

1. 分析方法

通过分析方法获得运输工具内包装件底部的振动加速度，必须考虑建立运输环境（如公路运输时的路面不平度）的输入模型和负载运输工具的振动模型，在此基础上，通过振动分析技术求得包装件底部的振动加速度。该方法通常用于实验室模拟实验。以下以公路运输车辆振动为例说明该方法。

公路运输时的路面不平度一般采用路面频域模型描述。路面频域模型是在一段有意义的空间频率（n）范围内 $[0.011 \mathrm{m}^{-1} < n < 2.83 \mathrm{m}^{-1}]$，用功率谱密度（PSD）方法，即用位移谱密度 $G_d(n)$、速度谱密度 $G_v(n)$ 或加速度谱密度 $G_a(n)$ 来描述路面不平度。

$$G_d(n) = G_d(n_0) \left(\frac{n}{n_0}\right)^{-w} \tag{1-1}$$

$$G_v(n) = (2\pi n)^2 G_d(n) \tag{1-2}$$

$$G_a(n) = (2\pi n)^4 G_d(n) \tag{1-3}$$

上述功率谱密度表达式中，n_0 为参考空间频率，$n_0 = 0.1 \mathrm{m}^{-1}$、$G_d(n_0)$ 为 n_0 下的路面位移谱密度值（m^3），称为路面不平度系数；w 为谱密度指数或频率指数，一般情况下取 $w = 2$。

采用上述路面频域模型，可将路面分为 8 个等级，见图 1-6。表 1-7 所示为不同路面等级的谱密度上下限[6]。

表 1-7 不同路面等级的谱密度上下限

道路等级	不平度			
	$G_d(n_0)/10^{-6}\mathrm{m}^3$			$G_v(n)/10^{-6}\mathrm{m}^3$
	下限	几何平均	上限	几何平均
A	—	16	32	6.3
B	32	64	128	25.3
C	128	256	512	101.1
D	512	1024	2048	404.3
E	2048	4096	8192	1617.0
F	8192	16384	32768	6468.1
G	32768	65536	131072	25872.6
H	131072	262144	—	103490.3
$n_0 = 0.1 \mathrm{m}^{-1}$				

当车辆以速度 v 驶过空间频率为 n 的路面不平度时，需要将空间频率位移谱 $G_d(n)$

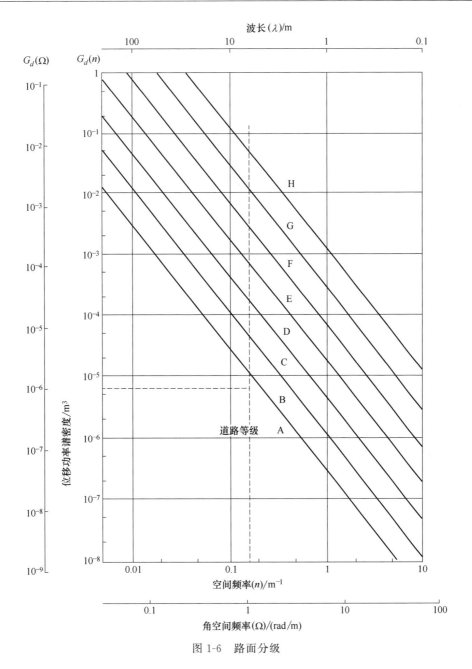

图 1-6 路面分级

或加速度谱 $G_a(n)$ 换算为时间频率位移谱 $G_d(f)$ 或加速度谱 $G_a(f)$。时间频率和空间频率有以下关系：

$$f = vn \tag{1-4}$$

从而得车辆激励位移谱和加速度谱：

$$G_d(f) = \frac{1}{v} G_d(n) \tag{1-5}$$

$$G_a(f) = \frac{1}{v} G_a(n) \tag{1-6}$$

负载车辆振动模型可以通过空载车辆模型与车载货物模型的结合加以建立。空载车辆常用 8 个自由度模型描述。车载货物模型要按具体货物结构而定，但目前我们关注的是车辆底板（包装件底部）的振动加速度，并不关注车载货物的响应问题，所以，可将车载货物简化为单自由度模型。这样，负载车辆振动模型可用 9 个自由度模型加以描述（车载货物垂直位移 Z_w，驾驶座椅垂直位移 Z_s，车身质心垂直位移 Z_b，车身俯仰角位移 Z_p，车身侧倾角位移 Z_r，四个轮垂直位移 Z_{fl}、Z_{fr}、Z_{rl}、Z_{rr}），见图 1-7。

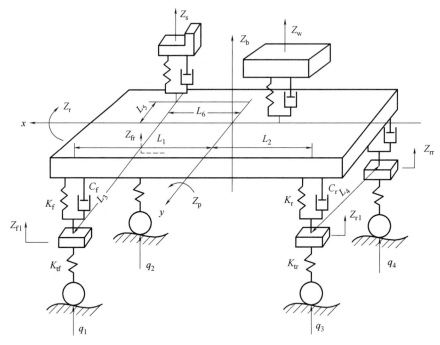

图 1-7　负载车辆振动模型

在建立负载车辆振动模型基础上，可建立负载车辆振动方程。由四个轮处的输入路面激励谱，通过随机振动分析技术即可获得包装件底部的振动加速度谱。

2. 实验方法

可选用内置三向加速度传感器的随机振动记录仪，如 Lansmont 公司 SAVER™ 记录仪记录加速度数据。将振动记录仪固定于运输工具底板指定位置，设置信号采集方式和参数，即可记录运输工具底板的加速度时域信号。提取采集数据，通过相关软件就可完成对运输工具底板随机加速度信号的统计分析和谱分析。

第四节　中国珠三角公路运输振动环境调查分析

一、振动环境调查

为应对快速崛起的快递物流对运输包装的挑战，把握快递包装件经受的振动激励特性，我们对珠三角公路运输振动环境作了一次调研[7,8]。考虑的影响因素为：路况、车型、车速和载重量。

选取了 5 种常见的快递物流运输车辆，包括重型厢式卡车与中型厢式卡车两种干线运输车辆、面包车与两轮电动自行车两种终端配送车辆及一款轿车。

对上述 5 种车辆在不同载重条件下、以不同速度行驶在珠三角高速公路与城市道路上的随机振动信号进行了采集，并对实测振动信号进行统计分析和谱分析。

将图 1-8 所示的随机振动记录仪（SAVER™ 3X90，Lansmont Corporation，Monterey，CA，USA）安装在各车厢底板上指定位置，见图 1-9。

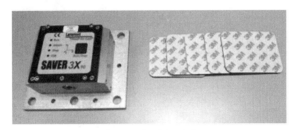

图 1-8 振动记录仪

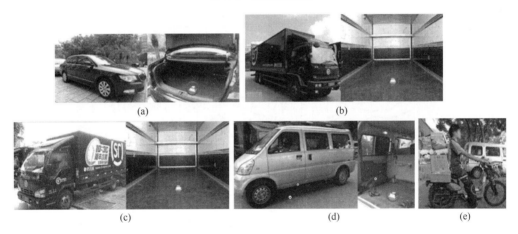

（a）   （b）

（c）   （d）   （e）

图 1-9 5 种车辆及随机振动记录仪安装

该记录仪分信号触发和时间触发数据记录两种信号采集方式。信号触发记录，即当实际振动加速度幅值大于某一设定触发阈值时，触发记录模块，并记录振动信号；时间触发记录，即根据预先设定的时间间隔，每隔一段时间触发记录一次振动信号。实验同时开启上述两种信号采集方式。

二、振动环境分析

加速度功率谱和均方根是描述运输包装随机振动激励的重要参量，我们得到了 5 种车型在不同装载量（0、60%、70%）下，以不同速度（0～30、30～60、60～80、60～90km/h）在不同公路（高速公路、城市道路）行驶时车厢底板的三向振动加速度谱。

这里仅给出重型厢式卡车和两轮电动自行车的三向振动加速度谱，图 1-10（见彩插）和图 1-11（见彩插）。红色、蓝色、绿色曲线分别代表车辆垂直方向、前后方向和侧向的加速度谱。

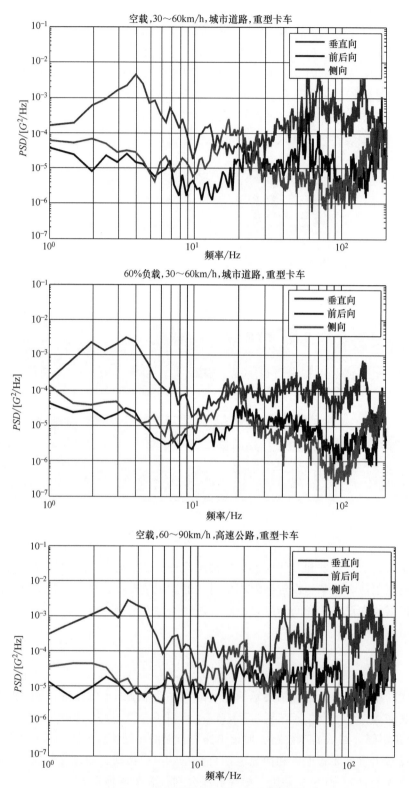

图 1-10 重型厢式卡车的三向加速度谱

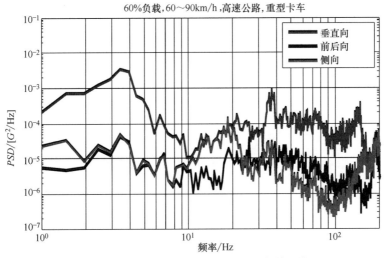

图 1-10　重型厢式卡车的三向加速度谱（续）

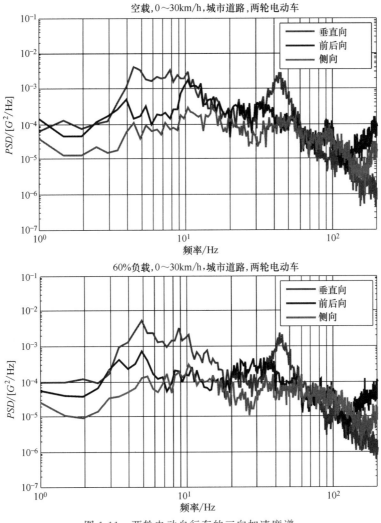

图 1-11　两轮电动自行车的三向加速度谱

为方便各种车型振动的比较，图 1-12 所示（见彩插）为 5 种车型空载下在城市道路行驶时的垂直方向加速度谱。

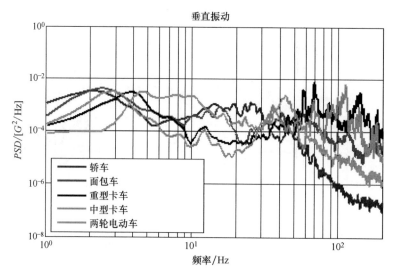

图 1-12   5 种车型空载下的垂直方向加速度谱

从以上图中可以看出一些规律性的东西：

（1）车辆底板垂直方向的振动强度最大，而前后向、侧向振动明显小得多，运输包装设计应主要考虑包装件垂直方向的振动。

（2）加速度谱有多个峰，在这些频段包装件输入振动能量大。不同车辆功率谱第一峰值都集中在低频 2～5Hz，这一频段代表了车辆悬挂系统的固有频率，运输包装设计时包装件的共振频率应尽量避开这一频段；在较高频率段（10～110Hz），车辆也发生了强度较大的振动。轿车发生在 10～30Hz，两轮电动自行车发生在 30～50Hz，面包车发生在 10～20Hz，重型和中型厢式卡车则都发生在 30～110Hz；轿车 30Hz 后、两轮电动自行车 50Hz 后、面包车 60Hz 后加速度谱快速衰减，而重型和中型厢式卡车则不然，在 30～110Hz 有多个峰，振动强度也较大。

（3）总体而言，车辆空载时比负载时振动强度要大些，重型和中型厢式卡车更为明显。

表 1-8 所示为各车辆振动信号的三向加速度均方根、加速度最大值、峭度和偏度。

表 1-8　　　　　　　　　　　　　**振动信号的统计参数**

车型	道路类型	载货/%	速度/(km/h)	加速度均方根(g)			最大加速度(g)			峭度	偏度
				垂直方向	前后方向	侧向	垂直方向	前后方向	侧向		
轿车	城市道路	0	0～30	0.149	0.063	0.061	0.392	0.125	0.149	13.5	−0.190
		0	30～60	0.166	0.045	0.055	0.310	0.112	0.139	8.77	−0.140
		0	60～80	0.162	0.053	0.059	0.280	0.079	0.095	6.62	−0.120
重型厢式卡车	高速公路	0	60～90	0.533	0.184	0.271	1.23	0.331	0.581	4.46	−0.038
		60	60～90	0.254	0.090	0.122	0.419	0.155	0.188	3.36	0

续表

车型	道路类型	载货/%	速度/(km/h)	加速度均方根(g)			最大加速度(g)			峭度	偏度
				垂直方向	前后方向	侧向	垂直方向	前后方向	侧向		
重型厢式卡车	城市道路	0	30～60	0.345	0.089	0.089	0.680	0.277	0.175	4.85	0.023
		60	30～60	0.171	0.052	0.062	0.295	0.110	0.136	4.60	0.010
中型厢式卡车	高速公路	0	60～90	0.333	0.148	0.100	0.770	0.344	0.251	3.94	−0.002
		70	60～90	0.211	0.106	0.093	0.485	0.203	0.287	4.51	0.047
	城市道路	0	30～60	0.306	0.085	0.112	1.28	0.285	0.322	11.1	0.028
		70	30～60	0.211	0.086	0.089	0.617	0.268	0.264	24.3	0.039
面包车	城市道路	0	30～60	0.201	0.050	0.071	0.615	0.127	0.321	10.3	−0.192
		60	30-60	0.193	0.059	0.074	0.481	0.124	0.268	9.49	−0.154
两轮电动车	城市道路	0	0～30	0.220	0.156	0.098	1.03	0.897	0.608	22.4	0.585
		60	0～30	0.190	0.135	0.088	0.485	0.343	0.206	10.3	0.188

从表 1-8 也可看出前面的一些结论，同时，可进一步看出：

（4）车辆底板振动强度与路况、车型、车速和载重量密切相关。由于珠三角高速公路和城市道路路况较好，各车辆底板加速度均方根和最大加速度均较小，垂直方向加速度均方根在（0.15～0.53）g，垂直方向最大加速度在（0.28～1.28）g，重型、中型厢式卡车和两轮电动自行车垂直方向最大加速度有超过 $1g$ 的，但都发生在空载情况。

（5）加速度峭度均明显大于3，加速度偏度接近于0，仅空载两轮电动自行车出现了例外，说明各车辆底板加速度，即作用在包装件上的振动激励信号不再是高斯信号了，呈现出超高斯特征。

图 1-13 所示为中型厢式卡车 2s 窗宽内加速度均方根的概率密度分布（柱子）及与其最匹配的高斯分布曲线。可以看出，加速度分布已明显偏离高斯分布。

同时可看出：

（6）负载使得车辆底板加速度分布更集中。

以中型厢式卡车为例，载重量为 70%，以 30～60km/h 的速度行驶在城市道路上，记录的车辆底板振动加速度信号较强的某时间段历程见图 1-14。

不难发现：

（7）该信号段明显存在几个幅值较大的振动加速度，可能是路面损坏（凹坑）、减速带、路面连接处间隙等路况引起，其中最大的幅值大于 $2g$，持续时间 0.3s，相当于一个脉冲冲击事件。运输过程中的这些冲击事件使得信号具有了非高斯特征，对包装件损伤也较大。

中国区域很大，经济和社会发展速度快，但很不平衡，物流运输在不同区域也有较大差别。城市与农村，广东比较发达地区与西北山区，每个地方路况不同，物流运输发展程度又不一样，运输过程振动数据也会相差很大。我们在教学、科研工作中，明显感觉到近年物流运输发展快速迅猛，但支撑运输包装设计的环境数据匮乏。所以，对全国物流环境

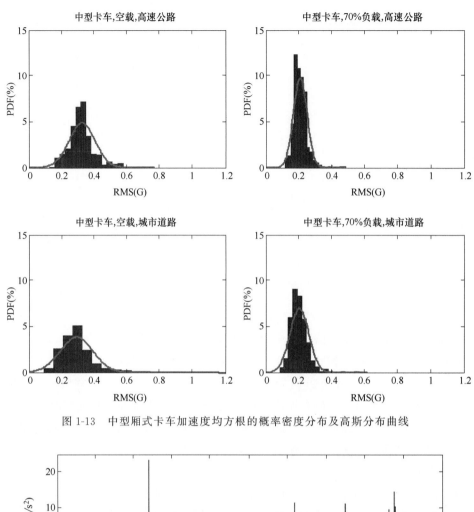

图 1-13　中型厢式卡车加速度均方根的概率密度分布及高斯分布曲线

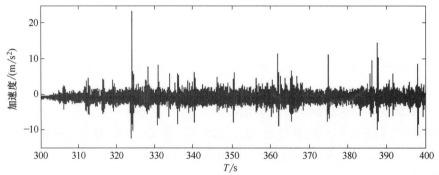

图 1-14　中型厢式卡车底板振动加速度时间历程

分区域进行一次深入全面的调研、总结物流运输环境的规律显得十分必要和迫切。

第五节　流通环境条件——压力

　　产品流通过程中,包装件常受到压力的作用,储存环节包装件经受静压力作用,运输环节包装件经受动压力作用。当运输过程振动较小时,如平稳水路运输,也可简单考虑成静压力作用。

一、静 压 力

在储存过程中，堆码包装件要经受上层包装件的静压力，过大静压的长期作用会导致包装发生较大变形和蠕变，甚至压溃，导致内装产品变形。底层包装件经受的静压力最大，需校核其是否满足堆码强度条件：

$$P = \frac{H-h}{h}W \leqslant [P] = \frac{P_m}{k} \tag{1-7}$$

式中 P 为底层包装件经受的静压力，H 为堆码高度，h 为单件包装件高度，W 为单件包装件重量，$[P]$ 为包装件许用压力，P_m 为外包装箱的抗压强度。k 为安全系数，其取值与堆码时间、堆码环境温湿度、产品价值、周转次数等因素有关，通常取 $k = 1 \sim 2$。储存和运输过程中的堆码最大高度是有规定的，一般仓储堆码最大高度取 $3 \sim 4\text{m}$，汽车运输堆码高度不超过 2.5m，铁路运输堆码高度不超过 3m。

二、动 压 力

运输过程中运输工具的随机振动总是存在，包装件经受的是动压力作用。堆码包装件跳起会产生较大的动压力，所以，堆码包装件在运输工具上需要可靠地加以固定，以防止包装件在运输工具底板上跳动和移动，这是减少动压力的有效措施。

动压力究竟有多大？会是相应静压力的几倍？如何获取它？通常有两种方法获得包装件间的动压力。一是通过建立堆码包装动态模型的分析方法获得，二是通过实际测试的实验方法获得。

1. 分析方法

通过分析方法获得包装件间的动压力，必须考虑建立堆码包装的振动模型，通过振动分析技术建立响应与激励之间的关系而求得。

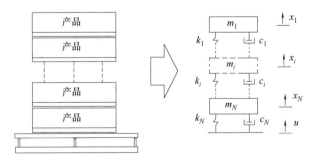

图 1-15 堆码包装的振动模型

图 1-15 所示为堆码包装的一个简单振动模型，N 层堆码包装可简化为一个 N 个自由度的振动系统。产品简化成了质量 m_i，包装简化成了弹簧 k_i 和阻尼 c_i，包装可以处理成线性的，也可处理成非线性的，视实际情况而定。如包装件有跳起，则需处理成非线性的。这一模型对应的线性振动方程为：

$$m_i\ddot{x}_i - c_i(\dot{x}_{i+1} - \dot{x}_i) + c_{i-1}(\dot{x}_i - \dot{x}_{i-1}) - $$
$$k_i(x_{i+1} - x_i) + k_{i-1}(x_i - x_{i-1}) = 0$$

$$(i = 1, 2, 3, \cdots N)$$
$$x_{N+1} = u, c_0 = k_0 = 0 \tag{1-8}$$

很显然，这是一个 N 个自由度系统的基础激励响应问题，不管堆码的激励是确定的还是随机的，都可以求出响应与激励之间的关系，从而求出各包装件间的动压力，动压力与系统振型、频响函数（固有频率、阻尼）和激励有关。

如包装件有跳起，则需处理成非线性的，相应的动压力分析就比较困难，需借助于数值分析技术解决。

2. 实验方法

堆码包装件间动压力测量的一个简单办法是在包装件间加入一测力板，测力板由一平

图 1-16 压力感测系统 I-Scan

板及安装在其上的四个压力传感器组成。但这种刚性装置在堆码包装件间的嵌入会引起系统振型的变化，带入较大误差。随着薄膜式柔性压力感测系统 I-Scan 的出现，接触面间的动压力的测量变得非常方便和精确。压力感测系统 I-Scan 见图 1-16，它是由感测片、USB 手柄和 I-Scan 软件组成。感测片材质为聚酯薄膜，具有轻薄、可弯折等特点，其上分布有大量的测力单元，基于压阻式原理实现对力的测量，可采集到复杂结构间的接触压力。USB 手柄即为数据采集器，其采样频率最高可达 100 帧/s，主要功能是采样并获取感测片的数据，传给上位机软件。

采用这一系统，我们对多层堆码包装件间的动压力进行了测试和分析[9-10]。堆码包装为三层台式电脑包装件，压力感测系统的薄膜感测片放置于堆码包装底层和层间，实时记录动压力数据和面内分布。堆码包装的激励在振动台上产生，见图 1-17。

当激励为正弦扫频时，图 1-18 给出了测得的无约束三层台式电脑堆码包装各层间的动压力与静压力的比。在第一共振

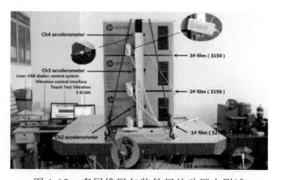

图 1-17 多层堆码包装件间的动压力测试

点处，动压力可达到静压力的 3 倍。对堆码包装施加约束，可有效降低动压力。

当激励为随机振动时，包装件间动压力的幅值分布已偏离 Rice 分布，力水平穿越接近于 Weibull 分布，表明系统已偏离线性系统，这是由堆码包装系统的非线性（如材料和结构非线性，特别是包装件的跳跃）引起的[9]。当激励振动水平较低、堆码包装约束固定良好时，堆码包装可看成是一线性系统，可用线性振动技术分析处理。

考虑堆码包装件间的动压力作用，运输过程中包装件的动压力 P_d 需满足以下强度条件：

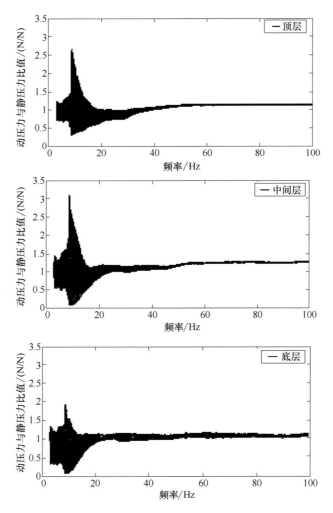

图 1-18　无约束三层电脑堆码包装层间动压力与静压力之比

$$P_d = K_d P \leqslant P_m \tag{1-9}$$

式中，k_d 为动力系数，其取值范围还未有较多的实验数据支撑，按目前的实验结果，暂建议取 2～3。运输中堆码约束固定较好时取 2，约束固定难以保证时取 3。考虑动力系数后，包装件堆码静态储存过程中已有安全系数储备了，所以，同样堆码状态时静压力就不用再校核了。

对于运输包装外容器设计，动压力是一个十分重要的问题，动压力实质上是由冲击和振动引起。在较长的运输过程中，较大动压力的反复作用会导致纸质外包装箱的疲劳坍塌。实验表明，动压力较静压力的放大倍数与堆码包装前几阶振型、共振处频响函数值和包装件所处位置有关。

第六节　流通环境条件——气象

这一节讨论流通环境的气象条件，即产品在物流过程中所经历的各种气候环境条件，

23

如温度、湿度、气压、降雨、盐雾、沙尘、太阳辐射等，这些因素会对产品和包装容器的质量产生影响。

一、温度及其影响

全球范围，气候类型多样，差异极大。我国幅员辽阔，从北至南、从东到西气候差异显著。随着现代物流和国内、国际贸易的快速发展，货物运输常常跨越不同气候区域，经历高温、低温及温度剧烈变化，产品包装件要经受温度及其变化的严峻考验。

表 1-9 给出了各种气候类型（包括仅适用于我国）的温度和湿度的日平均值的年极值的平均值[11]。关于世界户外气候类型的地理分布，可参阅国际电工委员会标准 IEC60721-2-1-2013（Classification of environmental conditions-Part 2-1：Environmental conditions appearing in nature-Temperature and humidity）。关于我国气候类型的区域分布，可参阅中国地理数据图集（2012）和北京大学城市与环境学院地理数据平台 http：//geodata.pku.edu.cn。关于我国区域范围内的气温分布，可参阅中国气象数据网。从这些图表数据中，可以了解产品包装件在不同区域运输、储存、装卸搬运中常遇到的户外气候条件，感知不同气候区域的温度及其差异。

表 1-9　　　　　各种气候类型温度和湿度的日平均值的年极值的平均值

气候类型	温度和湿度的日平均值的年极值的平均值			
	低温/℃	高温/℃	$RH \geqslant 95\%$ 时的最高温度/℃	最大绝对湿度/g×m^{-3}
极端寒冷(不包括南极洲中央)	−55	+26	+18	14
寒冷	−45	+25	+13	12
寒温	−29	+29	+18	15
暖温	−15	+30	+20	17
干热	−10	+35	+23	20
中等干热	0	+35	+24	22
极干热	+8	+43	+26	24
湿热	+12	+35	+28	27
(恒定)湿热	+17	+35	+31	30
寒冷*	−40	+25	+15	17
寒冷Ⅰ*	−29	+29	+18	19
寒冷Ⅱ*	−26	+22	+6	10
暖温*	−15	+32	+24	24
干热*	−15	+35	—	13
亚湿热*	−5	+35	+25	25
湿热*	+7	+35	+26	26

注：带 * 号的气候类型为我国的气候分类，仅适用于我国。

温度及其变化对包装件的影响主要表现为：

（1）使产品和包装材料发生热胀冷缩变形，导致产品和包装（材料、容器、衬垫、密封阻隔）物理化学性能下降，严重的或失效。

（2）使农产品、食品、药品、化学生物制品等品质严重下降，甚至腐败、变质。

（3）使包装容器内发生水汽凝结，加速产品和包装的受潮和腐蚀。

许多产品，如农产品、食品、药品、化学生物制品等，在物流过程中是需要管控环境温度的，这就需要对包装件的物流过程进行温度控制设计或跟踪，如采用冷链物流技术管控包装件环境温度，采用温度指示剂跟踪包装件温度及其变化等。

二、湿度及其影响

空气的干湿程度，或表示含有的水蒸气多少的物理量，称为湿度，常用绝对湿度和相对湿度表示。

前面讨论温度时给出了各种气候类型的湿度参照。表 1-10 给出了北半球不同纬度处温度、水汽压和相对湿度的平均值[3]。关于我国区域范围内的湿度分布，可参阅中国气象数据网。从这些图表数据可以了解产品包装件在不同区域运输、储存、装卸搬运中遇到的湿度条件，感知我国南北、东西区域的湿度及其差异。

表 1-10　　　北半球不同纬度处温度、水汽压和相对湿度的平均值

环境条件	纬度/(°)						
	5	15	25	35	45	55	65
温度/℃	25.5	25.4	21.9	15.3	8.7	1.2	−7.0
水汽压/kPa	2.53	2.29	1.84	1.29	0.93	0.65	0.41
相对湿度/%	79	75	71	70	74	78	82

湿度对包装件的影响主要表现在以下方面：

（1）使一些包装材料物理性能明显下降，严重的或失效，如纸质包装材料吸湿后其性能会急剧下降，塑料薄膜的阻隔性能会受到明显影响，高湿会使金属腐蚀加快等。一些包装材料高湿或低湿后会明显变形。

（2）高湿，特别在高温条件下，有利于霉菌和细菌生长和繁殖，容易使农产品、食品、药品等腐败、变质。

以下图表给出了瓦楞纸板两个方向（垂直楞向 x，楞向 y）性能与相对湿度的关系。表 1-11 给出了不同湿度下面纸和瓦楞芯纸的环压强度。

表 1-11　　　　　不同湿度下面纸和瓦楞芯纸的环压强度

相对湿度/%	面纸环压强度/(N/cm)	芯纸环压强度/(N/cm)	相对湿度/%	面纸环压强度/(N/cm)	芯纸环压强度/(N/cm)
50	8.988	7.537	80	6.508	5.591
70	8.062	6.761	90	4.625	3.889

图 1-19 所示为不同湿度下瓦楞纸板的载荷-挠度曲线。

图 1-20 给出了不同湿度下瓦楞纸板的弹性模量变化。

图 1-21 给出了不同尺寸瓦楞纸箱在不同湿度下的抗压强度变化。

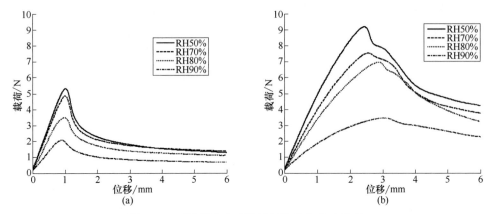

图 1-19　不同湿度下瓦楞纸板的载荷-挠度曲线

（a）x 向的载荷-挠度曲线　（b）y 向的载荷-挠度曲线

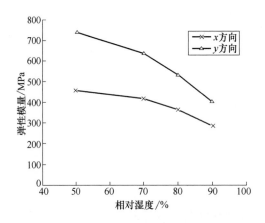

图 1-20　不同湿度下瓦楞纸板的弹性模量变化

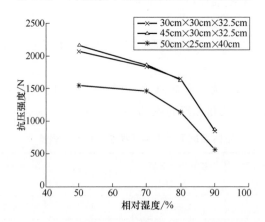

图 1-21　瓦楞纸箱在不同湿度下的抗压强度变化

从这些图表可以看出，瓦楞纸板等纸质包装材料对湿度十分敏感，其物理性能与环境湿度密切相关，高于70%相对湿度，原纸、纸板、纸箱的强度都急剧下降，90%相对湿度下的强度仅为50%相对湿度下的一半左右。

许多产品，如电子产品、食品、药品、化学生物制品等，在物流过程中需要管控包装内产品的微环境湿度，这就需要对产品的物流过程进行密封性和阻隔性控制设计和跟踪，如采用高阻隔材料、干燥剂管控微环境湿度，采用湿度指示剂跟踪产品湿度及其变化等。

三、水分的影响

我国年降水量空间分布从东南沿海向西北内陆递减，东南沿海的广东、广西东部、福建、江西和浙江大部地区年降水量为 2000～3150mm，长江中下游地区为 1000～1600mm，淮河、秦岭一带和辽东半岛年降水量为 800～1500mm，黄河下游、渭河、海河流域以及东北大兴安岭以东大部分地区为 700mm，新疆塔里木盆地、吐鲁番盆地和柴达木盆地降雨量最少，不足 50mm。关于我国区域范围内的降雨量分布，可参阅中国气象数据网。

物流过程中的雨、雪、冰、露、水浪、意外落水等都会对产品产生影响，引起包装潮湿，发生变形、塌陷、霉变、变质等，性能大大下降。因此，产品包装应有严格的防水措施。

四、太阳辐射的影响

太阳辐射是指太阳以电磁波的形式向外传递能量，太阳辐射能在可见光线（0.4～0.76μm）、红外线（＞0.76μm）和紫外线（＜0.4μm）分别占50%、43%和7%。大气对太阳辐射的吸收、反射、散射作用，大大削弱了到达地面的太阳辐射。影响太阳辐射的因素主要包括纬度、天气、海拔和日照等。就空间而言，我国太阳辐射能大体上从东南向西北递增分布。关于我国区域范围内的辐射资料，可参阅中国气象数据网。

太阳辐射对食品、药品等产品品质、对塑料等包装材料的性能（如塑料的光老化）会产生一定影响，一些对太阳辐射敏感产品的包装，如茶叶、咖啡、油脂氧化、色素分解等，要考虑这种影响。太阳辐射还会导致塑料材料中有害小分子物质的产生和向食品迁移量的增加。

五、盐雾的影响

盐雾是指大气中由含盐微小液滴所构成的弥散系统。其成因主要由于海洋中海水激烈扰动、风浪破碎、海浪拍岸等产生大量泡沫、气泡，气泡破裂时会生成微小的水滴，海水滴大部分因重力作用而降落，部分处于同涡动扩散保持平衡的状态而分布于海面上。它们随气流升入空中，经裂解、蒸发、混并等过程演变成弥散系统，形成大气盐核。盐雾中的主要成分为 NaCl，对工业和电子产品会产生腐蚀破坏作用。在含有盐雾的热带海洋和湿热带沿海地区，产品易遭到腐蚀损坏，因此，对经海洋运输或在沿海区域流通的工业和电子产品的包装需考虑对盐雾的防护。图 1-22 所示为空气盐雾含量和盐雾沉降量与离海距离之间（50km 范围）的关系[12]，图 1-23 所示为福建古雷半岛离海近距离（2000m）范围的盐雾沉降量[13]。

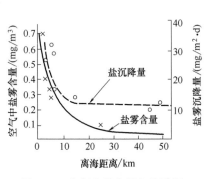

图 1-22　空气盐雾含量和盐雾沉降量与离海距离的关系

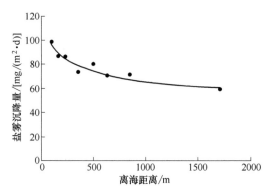

图 1-23　古雷半岛离海近距离范围的盐雾沉降量

六、气压的影响

大气压是由大气层受到重力作用而产生的，大气压的大小与海拔高度、大气温度、大气密度等有关，随高度的升高递减。大气压的变化会对软包装产生变形或内装物泄露，如低海拔地区制造的密封软包装食品运输到高海拔地区，由于外界气压的降低，包装会变形鼓起来，反之，则软包装会塌陷。表 1-12 给出了海拔高度与标准大气压之间的关系。

表 1-12　　　　　　　　　　海拔高度与标准大气压之间的关系

高度/m	气压/kPa	高度/m	气压/kPa
5000	54.0	1000	89.9
4000	61.6	0(海平面)	101.3(标准大气压)
3000	70.1	−400	106.2
2000	79.5		

七、气象因素综合效应

自然环境气象各因素并不是单独作用于包装件的，它们会相互作用，对包装件产生综合效应，交互强化，加速包装件的失效。比如，高温与高湿、盐雾等的组合作用，会严重影响产品和包装的性能和品质；极端环境气象条件下，包装的密封性及产品保质期会经受严峻的考验。自然环境气象因素的综合效应是运输包装设计时要注意的问题。流通环境的生化条件有时也需要考虑。

物流环境条件是运输包装设计的前提。通过前面物流环境条件的分析，我们对物流过程中包装件经受的环境条件及其规律有了一个比较全面的认识和把握，为后面的运输包装设计打下了基础。

第七节 环境条件标准化

由于各产品物流过程的多样性、影响因素的复杂性，流通环境条件呈现出多样、复杂、随机等特点。为统一描述流通环境条件，分析其一般规律，为产品运输包装设计提供科学、有效、全面的流通过程数据信息，必须对复杂的流通环境条件进行标准化，即用统一的表示方法和度量单位，对流通环境条件的性质进行科学分类，对每一类环境条件及其严酷程度作出定量描述。

为满足国际、国内物流的需要，国际组织和各国都已制定了适合本国实际的流通环境条件和环境试验标准，如国际标准化组织（ISO）、国际电工委员会（IEC）、美国材料试验协会（ASTM）等都制定了若干关于流通环境条件标准化的文件。我国流通环境条件标准化工作发展迅速，国家标准 GB/T 4796、GB/T 4797、GB/T 4798 系列等体现了这方面的成果[11,14-15]。

一、环境条件的分类

对环境条件进行分类是对其科学评价和标准化的首要问题。国际电工委员会（IEC）、我国对产品的环境条件按性质分为 7 大类（IEC 60721-1：2002，GB/T 4796-2017）：气候条件、生物条件、化学活性物质、机械活性物质、污染性液体、机械条件、电和电磁干扰，具体每一类考虑的环境因素和环境参数见表 1-13。

表 1-13　　　　　　　　　　环境条件类别与环境因素（环境参数）

环境条件类别	环境因素（环境参数）
气候条件	冷和热（温度、温度变化率），湿度（相对湿度、绝对湿度），压力（空气压力、水压力、压力变化率），周围介质的运动（速度），降水（雨强度、飘雪强度、冰雹冲击能），辐射（太阳辐射强度、热辐射强度、离子辐射强度），雨水以外的水（滴水强度、溅水/喷水/射水/水浪的水速、浸水或半浸水的水深），湿润，冷凝，冰和霜的形成（强度）
生物条件	植物群，动物群
化学活性物质	海盐（浓度），路盐（浓度），二氧化硫（浓度），硫化氢（浓度），氮氧化物（浓度），臭氧（浓度），氨（浓度），氯（浓度），氯化氢（浓度），氟化氢（浓度），有机碳氢化合物（浓度）
机械活性物质	沙（密度），尘（悬浮尘埃密度、尘沉积率），泥浆（浓度），烟苔（沉积率）
污染性液体	发动机油，齿轮箱油，液压油，变压器油，刹车油，冷却油，润滑油，燃油，电池电解液
机械条件	振动（稳态正弦振动、稳态随机振动、非稳态振动＜包括冲击＞），自由跌落（跌落高度），外界碰撞（碰撞能量），动态摇摆与倾斜（角度/频率），静态摇摆与倾斜（角度），稳态加速度（加速度），静负载（负载压力），倾跌与翻倒
电和电磁干扰	磁场（场强），电场[场强、场变率（脉冲干扰）]，谐波（总谐波的失真度、基波电压的百分比），信号电压（幅度、标称电压的百分比），电压和频率变化（电压波动、电压下降或中断、电压不平衡、频率变化），感应电压（幅度），瞬变（上升时间、持续时间、幅度、电流变化率）

对电工电子产品，环境条件按产品使用情况可分为以下类别：贮存、运输、有气候防护场所固定使用、无气候防护场所固定使用、地面车辆使用、船用、携带和非固定使用。

二、环境条件的分级与定量描述

描述环境条件（因素）的环境参数一般是随机和连续变化的。为统一标准和方便工程设计，需在分类基础上对环境参数的严酷程度进行分级描述。国际上用英文字母和数字的组合标志表示环境参数的类别和严酷程度，我国也采用这一方法，分类分级标志规定如下：

第一个数字表示应用类别，即：1—贮存；2—运输；3—有气候防护场所固定使用；4—无气候防护场所固定使用；5—地面车辆使用；6—船用；7—携带和非固定使用。

中间用一个字母表示条件类别，即：K—气候条件；B—生物条件；C—化学活性物质；S—机械活性物质；M—机械条件。

最后一个数字表示严酷等级，数字越大，环境条件越严酷。

如，2K3 表示运输过程—气候条件—3 级严酷程度。产品包装件在物流中的复杂环境条件可用一整套的分级描述来表示，如，2K4/2B2/2C3/2S2/2M3。

在对环境条件分类、分级的基础上，还需对环境参数的严酷程度作出定量描述，才能有效指导产品的运输包装设计。

以下以包装件运输过程（包括陆运、水运和空运，包括装卸过程）为例，参照国际电工委员会（IEC）和我国的相应标准（IEC 60721-3-2：1997，GB/T 4798.2-2008），给出环境参数的分级定量描述。包装件在贮存过程中的环境参数的分级定量描述可参阅 GB/T 4798.1-2005。

1. 气候条件分级定量描述

表 1-14 给出了运输过程气候条件环境参数的分级定量描述。

表 1-14　　　　　　　运输过程气候条件环境参数的分级定量描述

环境参数	单位	等级									
		2K1	2K2	2K3	2K4	2K4L[g]	2K5	2K5H	2K5L	2K6[f]	2K7[f]
（a）低温	℃	+5	−25	−25	−50	−50	−65	−25	−65	+5	−20
（b）高温不通风密封体内[a]	℃	—	+60	+70	+70	+60	+85	+85	+70	+70	+85
（c）高温通风场所或户外[b]	℃	+40	+45	+45	+45	+40	+55	+55	+45	+45	+55
（d）温度变化空气/空气[c]	℃	—	−25/+25	−25/+30	−50/+30	−50/+30	−65/+30	−25/+30	−65/+30	+5/+30	−20/+30
（e）温度变化空气/水[c]	℃	—	—	+45/+5	+45/+5	+40/+5	+55/+5	+55/+5	+45/+5	+45/+5	+55/+5
（f）相对湿度，无温度急剧变化	%	75	75	95	95	95	95	95	95	95	95
	℃	+30	+30	+40	+45	+40	+50	+50	+45	+45	+50
（g）相对湿度，伴有温度急剧变化,高相对湿度时的空气/空气[c]	%	—	—	95	95	95	95	95	95	95	95
	℃	—	—	−25/+30	−50/+30	−50/+30	−65/+30	−25/+30	−65/+30	+5/+30	−20/+30

续表

环境参数	单 位	等　级									
		2K1	2K2	2K3	2K4	2K4L^g	2K5	2K5H	2K5L	2K6^f	2K7^f
(h)绝对湿度,伴有温度急剧变化,高水汽含量时的空气/空气^d	g/m³	—	—	60	60	60	80	80	60	60	80
	℃			+70/+15	+70/+15	+70/+15	+85/+15	+85/+15	+70/+15	+70/+15	+85/+15
(i)低气压	kPa	70	70	70	70	53	30	30	30	30	30
(j)气压变化	kPa/min	—	—	—	—	—	6	6	6	6	6
(k)周围介质运动,空气	m/s	—	—	20	20	30	30	30	30	30	30
(l)降水,雨	mm/min	—	—	6	6	6	15	15	6	15	15
(m)太阳辐射	W/m²	700	700	1120	1120	1250	1120	1120	1120	1120	1120
(n)热辐射	W/m²	—	—	600	600	600	600	600	600	600	600
(o)降雨以外的水^e	m/s	—	—	1	1	1	3	3	3	3	3
(p)潮湿	—	—	—	潮湿表面条件							

注：a　产品表面的高温可能会受到周围空气温度和通过窗户或者其他开孔射进的太阳辐射的影响。

b　产品表面的高温会受到周围空气温度和（m）定义的太阳辐射的影响。

c　假定在两个规定温度之间直接转移。

d　假定产品只承受温度急剧降温（无急剧升温），空气的含水量适用于温度降低至露点，在较低温度下，相对湿度假定为近似 100%。

e　该数值是指水的速度，而不是积累高度。

f　等级 2K6 代表了湿热和类湿热的户外气候，等级 2K7 代表了干热、中等干热以及极干热气候的户外条件。

g　等级 2K4L 适用于海拔高度 3000～5000m 地面（不包括寒冷地区）的运输条件。

2. 生物条件分级定量描述

表 1-15 给出了运输过程生物条件环境参数的分级定量描述。

表 1-15　　　　　　运输过程生物条件环境参数的分级定量描述

环境参数	等　级		
	2B1	2B2	2B3
植物群	—	存在霉菌、真菌等	
动物群	—	存在啮齿动物及其他危害产品的动物	
		白蚁除外	包括白蚁

3. 化学活性物质分级定量描述

表 1-16 给出了运输过程化学活性物质环境参数的分级定量描述。

表 1-16　　　　　　运输过程化学活性物质环境参数的分级定量描述

环境参数	单 位	等　级		
		2C1	2C2	2C3
海盐	—	—	盐雾条件	盐水条件
二氧化硫	mg/m³	0.1	1.0 (0.3)	10 (5.0)
	cm³/m³	0.037	0.37 (0.11)	3.7 (1.85)

续表

环境参数	单位	等 级		
		2C1	2C2	2C3
硫化氢	mg/m³	0.01	0.5 (0.1)	10 (3.0)
	cm³/m³	0.0071	0.36 (0.017)	7.1 (2.1)
氮氧化物(用二氧化氮的当量值表示)	mg/m³	0.1	1.0 (0.5)	10 (3.0)
	cm³/m³	0.052	0.52 (0.26)	4.68 (1.56)
臭氧	mg/m³	0.1	0.1 (0.05)	0.3 (0.1)
	cm³/m³	0.005	0.05 (0.025)	0.15 (0.05)
氯化氢	mg/m³	0.1	0.5 (0.1)	5.0 (1.0)
	cm³/m³	0.066	0.33 (0.066)	3.3 (0.66)
氟化氢	mg/m³	0.003	0.03 (0.01)	2.0 (0.1)
	cm³/m³	0.0036	0.036 (0.012)	2.4 (0.12)
氨	mg/m³	0.3	3.0 (1.0)	35 (10)
	cm³/m³	0.42	4.2 (1.4)	49 (14)

注：① 表中给出的数值是每天超过 30min 时段内的最大值。

② 括号中的数值是长期平均值的期望值。

③ 以 cm³/m³ 为单位的数值，是按在温度 20℃、压力 101.3kPa 的条件下，将 mg/m³ 的数值换算得出来的。

④ 表中使用的是圆整后的数值。

4. 机械活性物质分级定量描述

表 1-17 给出了运输过程机械活性物质环境参数的分级定量描述。

表 1-17　　　　　　运输过程机械活性物质环境参数的分级定量描述

环境参数	单 位	等 级		
		2S1	2S2	2S3
空气中的沙尘	mg/m³	—	0.1	10
沉积的沙尘	mg/(m²·h)	—	3.0	3.0

5. 机械条件分级定量描述

表 1-18 给出了运输过程机械条件环境参数的分级定量描述。

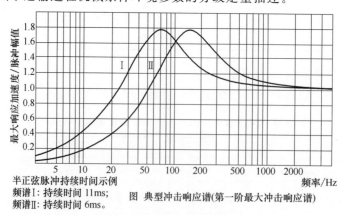

半正弦脉冲持续时间示例
频谱Ⅰ: 持续时间 11ms;
频谱Ⅱ: 持续时间 6ms。

图 典型冲击响应谱(第一阶最大冲击响应谱)

图 1-24　表 1-18 附图

表 1-18　运输过程机械条件环境参数的分级定量描述

环境参数		单位	2M1	2M2	2M3	2M4⁴
稳态正弦振动¹	位移幅值	mm	3.5	3.5	7.5	7.5
	加速度幅值	m/s²	10 / 15	10 / 15	20 / 40	20 / 40
	频率范围	Hz	2~9 / 9~200 / 200~500	2~9 / 9~200 / 200~500	2~8 / 8~200 / 200~500	2~8 / 8~200 / 200~500
稳态随机振动¹	加速度谱密度	m²/s³	10 / 1 / 0.3	10 / 1 / 0.3	30 / 3 / 1	50 / 10 / 1
	频率范围⁵	Hz	2~10 / 10~200 / 200~2000	2~10 / 10~200 / 200~2000	2~10 / 10~200 / 200~2000	2~10 / 10~200 / 200~2000
非稳态振动,包括冲击²	I 型冲击响应谱峰值加速度	m/s²	100	100	300	300
	II 型冲击响应谱峰值加速度	m/s²	—	300	1000	1000
自由跌落	质量小于 20kg	m	0.25	1.2	1.5	1.5
	质量为 20~100kg	m	0.25	1.0	1.2	1.2
	质量大于 100kg	m	0.1	0.25	0.5	0.5
倾斜	质量小于 20kg	—	—	—	任一边倾斜	任一边倾斜
	质量为 20~100kg	—	—	—	任一边倾斜	任一边倾斜
	质量大于 100kg	—	—	—	任一边倾斜	任一边倾斜
摇摆与倾斜	角度³	(°)	—	±35	±35	±35
	周期	s	—	8	8	8
稳态加速度		m/s²	20	20	20	20
静负载		kPa	5	10	10	10

注:1. 用具有高阻尼的车辆运输时,频率范围可以限制到 200Hz。

2. 如图 1-24 所示。

3. 35°只有短时出现,但是 22.5°经常可以达到。

4. 根据我国国道路实测,增加严酷等级 2M4,其他参数与 2M3 等级相同。

5. 由于我国汽车和铁路货车运输的随机振动加速度功率谱密度在 2~10Hz 内较大量值,因此增加了该频率范围。

6. 环境条件等级组合

产品包装件在运输过程中一般会受到多种环境条件的组合作用，表 1-19 给出了运输环境条件环境参数组合等级分组建议，供参考。

表 1-19 运输环境条件环境参数组合等级分组

条件	环境参数组合等级分组			
	IE21	IE22	IE23	IE24
气候环境	2K2	2K3	2K4	2K5
生物环境	2B2	2B2	2B2	2B2
化学活性物质	2C2	2C2	2C2	2C2
机械活性物质	2S2	2S2	2S2	2S3
机械条件	2M1*	2M1	2M2	2M3

注：* 用具有高阻尼的车辆运输时，频率范围可以限制到 200Hz。

第二章　脆值及其评价方法

第一节　产品破损与脆值定义

一、产品破损

产品脆值及其评价方法是运输包装这门课的理论基础。第一章讨论了运输环境条件，明确了产品运输包装的设计条件——外界载荷。这一章讨论产品本身的抗损坏特性以及产品的损坏机制。在此基础上，才能应用设计理论和方法完成产品的运输包装设计。

首先我们来分析物流中产品的破损。产品破损泛指产品发生了物理、化学、生物等的损伤，在这里专指产品发生了物理损坏或功能失效，导致产品丧失合格品质量指标。注意，这一定义与我们日常破损概念和其他工程中的概念有所不同，属于包装专有的定义。

通常，破损可分为三类：一类是失效，又叫严重破损，指产品已经丧失使用功能而且不可逆转，即不可恢复；第二类是失灵，这是轻微破损，指部分产品功能虽已丧失，但可以恢复；还有一类是商业性破损，指不影响产品使用功能而仅在外观上造成损坏，虽可使用，但产品的商业价值降低了，如产品表面刮伤。

导致物流过程中产品破损的原因有很多，且很复杂，有的是由于振动、冲击引起，有的是由于碰撞引起，有的是由于静压或动压力引起，有的是由于摩擦引起，有的是由于温湿度变化引起等。相应地，产品也会有多种多样的破损方式。尽管很复杂，但从力学角度看，常见的产品破损模式可归结为以下几种：

第一种破损模式是冲击过载破损。当产品经受较小冲击时，产品仍能保持完好；当产品经受较大冲击时，产品就发生破损了。或者，产品在一个方向冲击时，产品完好；而在另一方向冲击时，由于该方向产品抗冲击能力较弱，冲击就过载了，产品就破损了。

第二种破损模式是疲劳破损。产品经受的振动或冲击虽然不大，一次或几次振动、冲击作用下，产品不会破损保持完好；但振动或冲击持续作用下，产品会发生疲劳，导致产品疲劳破损，这类似于材料的疲劳破坏。事实上，当产品经受持续的振动或冲击时，产品中的某一危险点处会经受持续的交变应力作用，持续一定时间后，该点处材料就发生疲劳，从而导致产品破损。譬如，产品联结件处由于物流过程中的持续振动作用，联结失效了，这就是一种疲劳破损；再譬如，产品堆码运输包装中的瓦楞纸箱，在振动持续作用下受压纸箱会慢慢垮塌。疲劳破坏的机理是材料内部损伤的累积，损伤不断扩大，导致失效。

第三种破损模式是过度变形。尽管产品没有破损，但变形过大，导致产品功能失效了。譬如，喷雾产品其喷头在运输中发生过大变形，导致喷头失效。

还有一种就是表面磨损。这种情况很多，运输中产品表面相互碰撞、摩擦，导致表面发生磨损影响产品销售，从包装来讲它也是一种产品失效。譬如，产品表面刮花、印品磨损质量下降严重等。

产品破损可以是上述四种模式中的一种，也可以是几种模式的合成。

二、产 品 脆 值

下面讨论产品脆值。产品脆值也叫产品的易损度，我们先从产品跌落过程来引入这一概念。

如图 2-1 所示，包装的产品从高度 H 跌落。

将产品简化为一质量为 m 的刚体、包装简化为刚度系数为 k 的弹簧，这一包装件就简化为一无阻尼单自由度系统，可写出产品跌落冲击方程为：

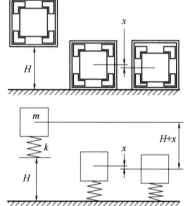

$$\begin{cases} m\ddot{x} + kx - mg = 0 \\ x(0) = 0 \\ \dot{x}(0) = -\sqrt{2gH} \end{cases} \quad (2\text{-}1)$$

求解该方程可得到产品经受的位移、速度和加速度响应

图 2-1　包装产品跌落过程

$$\begin{cases} x = -\dfrac{\sqrt{2gH}}{\omega_n}\sin\omega_n t - \dfrac{g}{\omega_n^2}\cos\omega_n t + \dfrac{g}{\omega_n^2} \\ \dot{x} = -\sqrt{2gH}\cos\omega_n t + \dfrac{g}{\omega_n}\sin\omega_n t \\ \ddot{x} = \omega_n\sqrt{2gH}\sin\omega_n t + g\cos\omega_n t \end{cases} \quad (2\text{-}2)$$

上式中，ω_n 为包装件固有频率，$\omega_n = \sqrt{k/m}$；$g/\omega_n^2 = mg/k = x_0$ 为包装静态压缩量。

当弹簧压缩至最大值 x_m 时，产品即将反弹，此时产品有最大加速度，同时有最大作用力，产品最容易破损

$$\begin{cases} x_m = \sqrt{2x_0 H}\left(\sqrt{1 + \dfrac{x_0}{2H}} + \sqrt{\dfrac{x_0}{2H}}\right) \\ \ddot{x}_m = \omega_n\sqrt{2gH\left(1 + \dfrac{x_0}{2H}\right)} \\ F_m = kx_m \end{cases} \quad (2\text{-}3)$$

所以，产品经受的加速度可看成是产品破损与否的指标。

顺便提下，包装产品跌落时，一般有：$H/x_0 \gg 1$，由公式（2-3）可以看出：

$$\ddot{x}_m \cong \omega_n\sqrt{2gH} = \sqrt{\dfrac{2H}{x_0}}\,g \gg g \quad (2\text{-}4)$$

即产品受冲击时的最大加速度要远大于重力加速度 g。

在上述产品跌落过程中，产品简化为一刚体，可事实上，产品是一变形体，我们再来考察一个更为一般的情况。

如图 2-2 所示，设产品经受一个加速度脉冲冲击，考察产品上任一关注点 P 的响应。

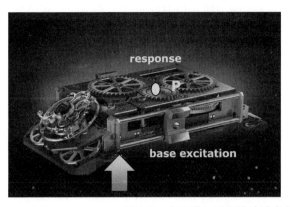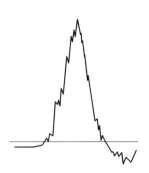

图 2-2　产品受加速度脉冲冲击的响应

如认为产品是一线性系统，则任一关注点 P 的位移、应变、应力等响应与产品经受的冲击加速度成正比，也就是说，产品经受的冲击加速度越大，产品内部任一关注点 P 的应变、应力就越大。按材料强度准则，当 P 点的应力、应变超过该点材料的强度阈值时，材料就破坏，产品就发生破损。所以，产品经受的加速度大小可作为判断产品破损与否的一个指标。

通过上述分析，可以引入产品脆值的定义了。产品脆值指产品不发生物理损坏或功能失效所能经受的最大冲击加速度。

对产品脆值作进一步的讨论和说明：

（1）由于产品经受的冲击加速度往往较大，远大于重力加速度 g，所以，产品脆值一般用重力加速度 g 的倍数 G_c 来表示。

$$a_c = G_c g \tag{2-5}$$

如某电视机脆值为 50，则它能经受的最大加速度值为 $50g$。

（2）脆值是产品抗冲击能力的指标和体现，是产品的固有属性。产品定了，脆值也就是确定的了。脆值是可以测定的，如何测定后面会讲到。

（3）脆值是一个临界值，可用于判断产品破损与否，从而可得产品冲击破损的准则。缓冲包装设计时，常考虑一大于 1 的安全系数 n，采用产品的许用脆值 $[G]$ 作为设计参数，即：

$$[G] = \frac{G_c}{n} \tag{2-6}$$

当产品经受的加速度大于许用脆值 $[G]$，认为产品破损；当产品经受的加速度小于等于许用脆值 $[G]$，认为产品安全。

$$G > [G] \quad 产品破损 \tag{2-7}$$

$$G \leqslant [G] \quad 产品安全 \tag{2-8}$$

运输包装设计一个重要的目标就是要保证包装的产品在经受物流过程冲击时的安全性。

关于产品脆值，还有两点值要思考：

（1）上述脆值定义有一定缺陷。产品冲击造成的产品内部的位移、应变、应力等响应不仅与经受的加速度幅值有关，还与冲击脉冲的作用时间和波形有关。该定义仅考虑了加速度幅值，没有计及脉冲作用时间和波形。

举个例子来说，如产品受到一冲击，尽管冲击加速度幅值很大，但只要其作用时间足够短，由于产品是由许多部件组成的可变形体，部件的位移、应变、应力等响应会很小，产品是安全的，上述定义就不再合适了。

（2）上述定义的实际上是产品的冲击脆值。产品冲击时会发生破损，振动时也可能会发生破损。那么，产品振动脆值如何定义？这个问题留给大家思考。

三、常用产品脆值数据

如同材料强度的重要性一样，脆值是产品运输包装设计时必不可少的重要指标，欧、美、日等国家和地区自20世纪60年代就开始对电子产品的脆值进行了测取。

表 2-1 给出了一些产品的脆值，供参考[3]。

表 2-1 产品脆值

国家	产品类型（名称）	G_c 值
美国	导弹导航系统、精密校正仪器	15～24
	机械测试仪表、电子仪器、真空管、雷达	25～39
	航空附属仪表、电子记录装置、固体电路、精密机械	40～59
	电视机、航空仪器	60～84
	电冰箱、普通机电设备	85～110
日本	榨汁机	72
	烤箱	108
	电视机	30～75
	吸尘器	63～159
	洗衣机	25～36
	空调器	35～75
中国	冰箱压缩机	25～40
	彩色电视机、显示器	40～60
	电冰箱	60～90
	光学经纬仪、荧光灯、陶瓷器皿、电动玩具	90～120

我国常用产品脆值数据非常有限，这给产品运输包装设计造成了困难。由于没有相关脆值数据参考，许多电子产品运输包装设计都是通过模仿而来，造成了大量的过包装。因此，有必要对我国现有主要工业产品脆值进行一次全面的调查和测取，以满足运输包装设计的迫切需要。

第二节 产品冲击响应谱

产品脆值定义实际上是将产品看成刚体，没考虑产品部件间的变形，不能完整反映产品冲击破损规律。如将产品看成是一弹性变形体,甚至是一弹塑性变形体,则产品及其各部件的冲击响应就不仅与加速度冲击脉冲幅值有关,而且与脉冲的波形和作用时间有关。所以,需要对产品冲击响应过程作较深入地分析。

一、产品冲击模型

为分析产品冲击响应,需先建立产品冲击模型。产品冲击破损都是由最弱部件破损引起,最弱部件称为易损件、薄弱部件或关键部件。如图 2-3 所示为既考虑了部件变形又相对简化的产品冲击模型。

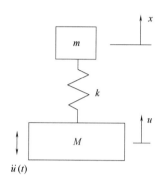

模型包含了质量为 m 的易损件和质量为 M 的产品本体,两者由弹簧连接,k 代表了易损件联结的刚度。由于 $m \ll M$,m 对 M 的运动效应可以忽略,产品受到的加速度脉冲冲击就直接作为 M 对 m 的运动激励。在很短的冲击作用时间内,产品的阻尼还来不及吸收较多的能量,阻尼对产品的冲击最大响应影响不大,所以,我们在这模型中暂不考虑阻尼使分析简化,而研究其冲击最大响应。

图 2-3 产品冲击模型

易损件的冲击振动方程为:

$$m\ddot{x}(t) + k[x(t) - u(t)] = 0 \tag{2-9}$$

用相对位移 $y(t) = x(t) - u(t)$,改写这个方程

$$m\ddot{y}(t) + ky(t) = -m\ddot{u}(t) \tag{2-10}$$

上式进一步写为

$$\ddot{y}(t) + \omega_0^2 y(t) = -\ddot{u}(t) \tag{2-11}$$

式中:

$$\omega_0 = \sqrt{k/m} = 2\pi f_0 = 2\pi/T_0 \tag{2-12}$$

ω_0 为固有圆频率,f_0 为固有工程频率,T_0 为固有周期。

二、加速度冲击波形

下面讨论对产品冲击的加速度波形。图 2-4 所示为 76cm 高度包装和未包装的液晶显示器产品跌落冲击时的加速度脉冲波形,可以看出,包装使作用在产品上的加速度冲击的幅值大大降低,使作用时间大大延长。

实际的加速度波形较为复杂,为方便分析,常常对实际波形简化,用于分析的常见的加速度波形有矩形波、半正弦波、后峰锯

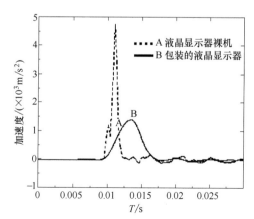

图 2-4 包装和未包装的液晶显示器跌落冲击时的加速度脉冲

齿波、梯形波等等，其幅值（峰值）用 $\ddot{u}_m$ 表示，作用时间用 T_h 表示，如图 2-5 所示。显然，波形、幅值、作用时间是刻画加速度脉冲的三个量。

三、易损件响应分析

产品受冲击后，易损件响应会与哪些量有关呢？可从影响响应的外因（冲击脉冲参量）和内因（产品系统参量）先判断一下，然后分析易损件的响应，找出影响参量。

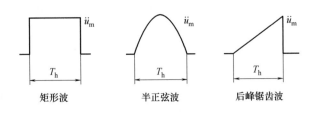

图 2-5　常见的加速度脉冲波形

易损件的冲击振动方程为

$$\ddot{y}(t) + \omega_0^2 y(t) = -\ddot{u}(t) \tag{2-13}$$

由于为零值初始条件，即 $y(0) = \dot{y}(0) = 0$，方程解为

$$y(t) = -\frac{1}{\omega_0} \int_0^t \ddot{u}(t) \sin\omega_0(t-\tau) \mathrm{d}\tau \tag{2-14}$$

结合式（2-13），得到易损件的加速度响应为

$$\ddot{x}(t) = \ddot{y}(t) + \ddot{u}(t) = -\omega_0^2 y(t) = \omega_0 \int_0^t \ddot{u}(t) \sin\omega_0(t-\tau) \mathrm{d}\tau \tag{2-15}$$

把图 2-5 中的各种波形加速度脉冲 $\ddot{u}(t)$ 代入，很容易就可得到各种波形脉冲作用下易损件的加速度响应了。

以产品受矩形波脉冲冲击为例进行分析，矩形波脉冲加速度表达式为

$$\ddot{u}(t) = \begin{cases} \ddot{u}_m & 0 \ll t \ll T_h \\ 0 & t > T_h \end{cases} \tag{2-16}$$

加速度响应 $\ddot{x}(t)$ 可通过式（2-15）分两个时间段积分得到。

1. 冲击持续阶段易损件的响应

可得冲击持续阶段易损件的加速度响应为

$$\ddot{x}(t) = 2\ddot{u}_m \sin^2 \frac{\omega_0 t}{2} \quad 0 \ll t \ll T_h \tag{2-17}$$

则易损件的最大加速度响应为

$$\ddot{x}_m = \begin{cases} 2\ddot{u}_m \sin^2 \dfrac{\omega_0 T_h}{2} & 0 \ll T_h < \pi/\omega_0 \\ 2\ddot{u}_m & T_h \geqslant \pi/\omega_0 \end{cases} \tag{2-18}$$

2. 冲击结束后易损件的响应

可得冲击结束后易损件的加速度响应为

$$\ddot{x}(t) = 2\ddot{u}_m \sin\frac{\omega_0 T_h}{2} \sin\omega_0\left(t - \frac{T_h}{2}\right) \quad t > T_h \tag{2-19}$$

则易损件的最大加速度响应为

$$\ddot{x}_m = 2\ddot{u}_m \left| \sin\frac{\omega_0 T_h}{2} \right| \quad T_h \geqslant 0 \tag{2-20}$$

简要讨论对易损件的响应分析：

（1）上述易损件的响应分析是在矩形波情况下进行的，对不同的波形，易损件的响应是不同的。

（2）易损件加速度响应包括最大加速度响应，与产品外界加速度脉冲的刻画参量即幅值、作用时间、波形有关，且与脉冲幅值成正比，与产品易损件自身特征参量固有频率有关（与阻尼也有关，因模型未考虑阻尼而反映不出来）。

（3）注意：固有频率与脉冲作用时间的乘积是一起出现在最大加速度响应公式中的。由于 $\omega_0 T_h = 2\pi f_0 T_h = 2\pi T_h/T_0$，所以，最大加速度响应与脉冲作用时间与系统固有周期之比密切相关。

四、产品冲击响应谱

冲击响应谱是工程中广泛应用的一个重要概念，描述系统冲击响应的最大峰值与系统固有频率之间的关系，简称冲击谱。本书讲的产品冲击响应谱是专指产品冲击时易损件的最大加速度响应与固有频率之间的关系。冲击响应谱一般取固有频率与脉冲作用时间的乘积 $f_0 T_h$，也就是脉冲作用时间与固有周期之比 T_h/T_0 为横坐标，取最大加速度响应与加速度脉冲幅值之比 $\ddot{x}_m/\ddot{u}_m$ 为纵坐标，以无量纲化曲线形式来体现。

以产品受矩形波加速度脉冲冲击为例，由式（2-18）和式（2-20）可给出其冲击响应谱，如图 2-6 所示。

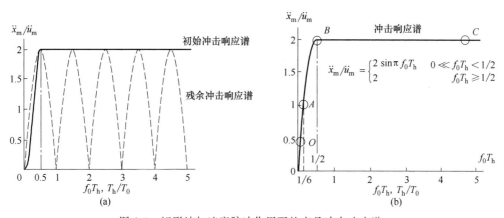

图 2-6　矩形波加速度脉冲作用下的产品冲击响应谱

图 2-6（a）中，实线部分对应于式（2-18），称为初始冲击响应谱，是指冲击脉冲持续时间内易损件的最大加速度响应与固有频率之间的关系曲线。虚线部分对应于式（2-20），称为残余冲击响应谱，是指冲击脉冲结束后易损件的最大加速度响应与固有频率之间的关系曲线。冲击响应谱，或称最大冲击响应谱，是指所有时间内易损件的最大加速度响应与固有频率之间的关系，如图 2-6（b）所示，其表达式为

$$\ddot{x}_m/\ddot{u}_m = \begin{cases} 2\sin\pi f_0 T_h & 0 \ll f_0 T_h < 1/2 \\ 2 & f_0 T_h \geqslant 1/2 \end{cases} \quad (2\text{-}21)$$

从图中可看出：

（1）产品冲击响应谱表达易损件最大加速度响应与固有频率间的关系，换句话说，是一系列固有频率不同的产品冲击时易损件最大加速度响应的总结果。

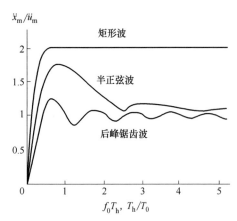

图 2-7 不同波形脉冲作用下的产品冲击响应谱

（2）当 $T_h/T_0 \geqslant 1/2$，$\ddot{x}_m/\ddot{u}_m = 2$，即只要脉冲作用时间足够长，大于系统的半个固有周期，易损件的最大加速度响应放大为脉冲幅值的两倍。

（3）当 $T_h/T_0 < 1/6$，$\ddot{x}_m/\ddot{u}_m < 1$，即只要脉冲作用时间足够短，小于系统的1/6个固有周期，易损件的最大加速度响应反而会被缩小。这是因为脉冲作用时间太短的话，易损件还来不及足够响应，脉冲作用就结束了。

采用同样的方法，我们可以得到不同波形脉冲作用下的产品冲击响应谱，见图 2-7。

从图中可看出，脉冲波形对易损件的最大加速度响应有重要影响，矩形波脉冲作用下易损件最大加速度响应最大，半正弦波次之，后峰锯齿波最小。该图综合反映了易损件固有频率，加速度脉冲的波形、作用时间、幅值对易损件最大加速度响应的定量影响。

第三节 产品破损边界

一、破损边界定义

上一节讨论了产品冲击响应谱，得到了易损件的最大加速度响应与易损件固有频率，加速度脉冲的波形、作用时间、幅值之间的解析关系。接下来要讨论的问题是，这些影响量达到多大时产品就破损了？

我们对确定的产品来讨论。确定的产品意味着其易损件的固有频率 f_0 和易损件脆值 $A_c(g)$ 是确定不变的。注意：为与产品脆值 G_c 区别，这里用 A_c 表示易损件脆值（也即易损件不破损所能经受的最大加速度）。那么，对确定的产品来说，决定产品破损的因素就是外界脉冲冲击的表征量了，即幅值、作用时间、波形。

以受矩形波脉冲冲击为例，产品易损件的最大加速度响应为式（2-21）。考虑破损临界状态，易损件的最大加速度响应正好等于其脆值，即

$$\ddot{x}_m = A_c g \tag{2-22}$$

就可得到易损件破损也就是产品破损的临界状态方程

$$\ddot{u}_m/A_c g = \begin{cases} 1/2\sin\pi f_0 T_h & 0 \ll f_0 T_h < 1/2 \\ 1/2 & f_0 T_h \geqslant 1/2 \end{cases} \tag{2-23}$$

该方程表达了产品处于破损临界状态时各参量应满足的条件。其中，f_0 和 A_c 是确定的，脉冲的幅值 $\ddot{u}_m$ 和作用时间 T_h 是两个变化量，它在（$\ddot{u}_m$，T_h）平面上是一条曲线。

脉冲作用时间 T_h 在实际实验操作中不易控制，选用脉冲的速度改变量 ΔV 替代它。一方面，ΔV 就是加速度脉冲的积分，也就是脉冲下的面积

$$\Delta V = \int_0^{T_h} \ddot{u}_m \mathrm{d}t = \alpha \ddot{u}_m T_h \tag{2-24}$$

式中，α 为波形系数。矩形波 $\alpha = 1$，半正弦波 $\alpha = 2/\pi$，后峰锯齿波 $\alpha = 1/2$，ΔV 可替代 T_h；另一方面，ΔV 实验中可以有效控制和掌握。因为加速度脉冲是作用在产品上的，脉冲的速度改变量也就是产品冲击前后的速度变化量，这在实验中易于控制。所以，产品跌落冲击中有以下关系式

$$\Delta V = (1+e)\sqrt{2gH} = \alpha \ddot{u}_m T_h \tag{2-25}$$

式中 e 为恢复系数，$0 \leqslant e \leqslant 1$。所以，就有下述关系

$$\sqrt{2gH} \leqslant \Delta V \leqslant 2\sqrt{2gH} \tag{2-26}$$

现在就用脉冲幅值 $\ddot{u}_m$ 和速度改变量 ΔV 这两个变量，改写产品破损临界状态方程 (2-23)。为使结果更具一般意义，对这两个变量进行无量纲处理，可以得到产品破损临界状态方程为

$$\ddot{u}_m/A_c g = \begin{cases} \dfrac{1}{2\sin\dfrac{\pi \Delta V f_0/A_c g}{\ddot{u}_m/A_c g}} & 0 \ll f_0 T_h < 1/2 \\ 1/2 & f_0 T_h \geqslant 1/2 \end{cases} \tag{2-27}$$

为方便理解，记

$$X = \Delta V f_0/A_c g \tag{2-28}$$

$$Y = \ddot{u}_m/A_c g \tag{2-29}$$

产品破损临界状态方程就成为

$$\begin{cases} Y\sin\dfrac{\pi X}{Y} = \dfrac{1}{2} & 0 \ll X/Y < 1/2 \\ Y = 1/2 & X/Y \geqslant 1/2 \end{cases} \tag{2-30}$$

该方程表示在 (X, Y) 平面，也就是 $(\Delta V f_0/A_c g, \ddot{u}_m/A_c g)$ 或 $(\Delta V, \ddot{u}_m)$ 平面上的一条曲线，见图 2-8。这条曲线是在产品破损临界状态下画出，代表产品破损临界状态方程，称为产品破损边界 (Damage Boundary)，它刻画了产品破损临界状态与产品所经受的加速度脉冲的幅值、速度改变量、波形之间的关系。

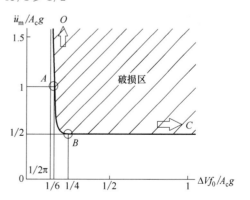

图 2-8 产品破损边界

二、破损边界讨论

为深刻理解破损边界，我们再作如下讨论：

1. 破损边界与冲击响应谱的关系

破损边界与产品冲击响应谱密切相关，它是在易损件的最大加速度响应正好等于其脆

值时得出。图 2-9 所示为破损边界与冲击响应谱两根曲线线段之间的对应转换关系。

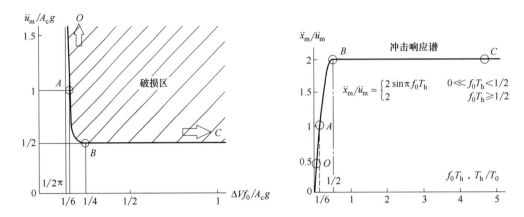

图 2-9　破损边界与冲击响应谱的关系

2. 破损边界的特征

如图 2-10 所示，破损边界将平面（ΔV，$\ddot{u}_m$）分成两部分，也就是将脉冲分成两部分，位于边界右上方阴影部分为产品破损区域，这部分脉冲会导致产品破损。平面上其他部分为安全区域，这部分脉冲作用下产品是安全的。

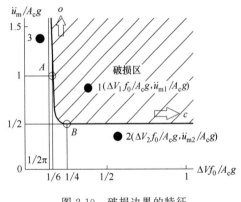

图 2-10　破损边界的特征

破损边界由右边的水平线和左边的曲线组成。水平线称为临界加速度线，脉冲幅值超过该线，而且脉冲速度改变量足够大，超过图中曲线部分，比如超过图中的 $1/2\pi$、$1/6$、$1/4$ 竖线，产品就破损了，如图中点 1 所示。脉冲幅值低于临界加速度线，产品就安全，也就是说，只要加速度脉冲幅值足够小，低于易损件脆值的 $1/2$，产品是不会破损的，不需要缓冲包装，如图中点 2 所示。

破损边界的左边曲线可以分成两半，上半部分 AO 线接近垂直线。由式（2-30）可知

当　　　　　　$Y = \ddot{u}_m/A_c g \rightarrow +\infty, X = \Delta V f_0/A_c g \rightarrow 1/2\pi$　　　　　　(2-31)

上半部分 AO 线介于 $1/2\pi \sim 1/6$，称为临界速度线。脉冲速度改变量只要低于临界速度线产品不会破损，即

$$X = \Delta V f_0/A_c g < 1/2\pi \sim 1/6 \tag{2-32}$$

$$\Delta V < \frac{A_c g}{2\pi f_0} = \frac{A_c g}{\omega_0} \tag{2-33}$$

也即脉冲速度改变量只要低于易损件脆值与其固有圆频率的比值，产品是不会破损的，不需要缓冲包装，如图中点 3 所示。换句话说，尽管脉冲幅值很大，但由于脉冲作用时间极短，速度改变量足够小，产品就安全。这是因为对变形体而言，产品受到的冲击传递到易

损件需要一个过程,易损件来不及足够响应。举个我们能感受到的热冲击例子来类比,手进出开水,只要速度很快,手是烫伤不了的,速度慢,手就烫伤了。

强调一下,我们看到了两类加速度脉冲作用下,产品是不会破损的,不需要进行缓冲包装。一类是加速度脉冲幅值低于易损件脆值的1/2,第二类是脉冲速度改变量低于易损件脆值与其固有圆频率的比值,即

产品不会破损条件: $\ddot{u}_m < G_c g = \dfrac{A_c g}{2}$ 或 $\Delta V < \Delta V_c = \dfrac{A_c g}{\omega_0}$ (2-34)

3. 破损边界与产品脆值的关系

脆值理论认为,产品所受加速度等于产品脆值 G_c(g),产品处于破损临界状态。在破损边界图中用粗的水平线表示这一状态,见图2-11。

这根粗的水平线对应破损边界的临界加速度线,所以有

$$G_c = A_c / 2 \qquad (2\text{-}35)$$

即产品脆值是易损件脆值的一半。

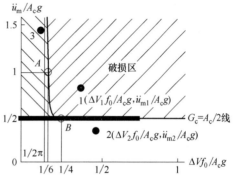

图 2-11 破损边界与产品脆值的关系

再来看图2-11中左边阴影部分,按照破损边界,这部分脉冲不会导致产品破损,而按脆值理论,这部分脉冲会导致产品破损,这是脆值理论的缺陷。

产品破损边界对产品缓冲包装有指导意义。产品从高度 H 跌落,冲击前后速度改变量范围为 $\Delta V = (1 \sim 2)\sqrt{2gH}$,若速度改变量小于临界量 ΔV_c,不需要缓冲包装;若速度改变量大于临界量 ΔV_c,那么,要通过缓冲包装使作用于产品的加速度脉冲幅值低于临界加速度线,即低于产品脆值,或低于易损件脆值的1/2。

采用同样的方法,我们可以得到正弦波、后峰锯齿波等不同波形脉冲作用下的产品破损边界,在这里不再展开。

第四节 破损边界和脆值测定

通过上一节,我们掌握了产品破损边界的规律,这一节讨论产品破损边界和脆值的测定方法。

一、测定方法

图2-12所示为产品破损边界和脆值的测定方法示意。产品破损边界和脆值通过测定临界速度线和临界加速度线就可获得,如图中竖直线和横直线所示。

产品破损边界和脆值的测定一般通过如图2-13所示的冲击试验机完成,测试方法如下:按预定的状态(实际状态)将产品试样用夹具固定在试验台上,将台面提升至预设高

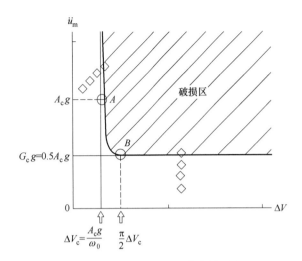

图 2-12　产品破损边界和脆值的测定

图 2-13　测定产品破损边界和脆值的冲击试验机

度，预设冲击脉冲波形。由于理想的矩形波脉冲在实验中难以产生，一般选择接近于矩形波的梯形波脉冲进行实验，也可选择半正弦波脉冲。制动系统自动释放台面，台面自由下落与破损边界程序器冲击，产生预期的脉冲波形，完成一次冲击。内置的液压气动制动系统在台面反弹后自动锁定台面，以防产生多次冲击。冲击试验所需参数设置通过控制器完成。

首先测定临界速度线。选择接近于矩形波的梯形波脉冲冲击。第一次冲击试验时，预估产品易损件频率和脆值，应使脉冲速度改变量小于临界速度线，加速度幅值约等于易损件脆值，即预期产品脆值的 2 倍。建议脉冲持续时间在 $1/4\pi f_0 \sim 1/2\pi f_0$ 间取值，如易损件频率固有频率为 50Hz，脉冲持续时间在 1.6～3.2ms 取。进行冲击试验，记录实验产生的脉冲速度改变量和加速度幅值，检查产品是否破损。如果没有破损，一般增加速度改变量约 0.15m/s，重复进行冲击试验，直至产品破损。破损前后两次速度改变量的均值作为临界速度值，也可将未破损的最后一次试验值作为临界速度值。实验过程用序列点示意在图 2-12 中左侧。

然后测定临界加速度线。更换产品试样，选择梯形波脉冲进行冲击，应使加速度幅值低于预期的产品脆值，速度改变量设定在（$\pi/2\sim2$）倍的临界速度值以上。进行冲击试验，记录实验产生的脉冲速度改变量和加速度幅值，检查产品是否破损。如果没有破损，增大加速度幅值，重复进行冲击试验，直至产品破损。破损前后两次加速度幅值的均值作为临界加速度值。实验过程用序列点示意在图 2-12 中下侧。

在图 2-12 中作出临界速度线和临界加速度线，A、B 两点用光滑线段过渡，产品破损边界就得到了，产品脆值即为测得的临界加速度值。同时，通过临界速度线，还可得到易损件的频率为

$$\omega_0 = 2\pi f_0 = \frac{A_c g}{\Delta V_c} = \frac{2G_c g}{\Delta V_c} \tag{2-36}$$

产品破损边界和脆值测取的具体实验操作可参考 ASTM 标准和我国国家标准。

用上述方法测得的是接近于矩形波的梯形波脉冲作用下的产品破损边界。改变脉冲波形，用同样的方法，可得到其他脉冲波形作用下的产品破损边界。

不同产品实验测得的破损边界是不同的，这实际上是由产品易损件的脆值和频率决定的。同一产品在不同方向上的抗冲击能力是不一样的，破损边界也是不同的。

产品破损边界由 R. E. Newton 于 1968 年首先提出[16]，随后，美国开发了相应的冲击实验设备，打开了运输包装最为基础的数据——产品脆值的实验测定之门，为产品运输包装设计奠定了基础。

二、讨　论

这里我们再深入讨论几点：

（1）上述产品破损边界是建立在线性弹簧-质量模型基础上的。大量实验表明，对于大多数消费品，线性弹簧-质量模型是不够的，需要用非线性模型去描述，而且在实验测取中的反复冲击也引起了易损件的塑性变形。所以，基于刚塑性模型或更一般的非线性模型的产品破损边界已经建立，它可以有效反映包括插座中的电子管、某些集成电路以及用螺栓或铆钉紧固的部件等产品的破损规律。不过，从已有研究看，不管是采用线性或更一般的非线性模型，产品破损边界的临界速度线和临界加速度线总是存在的，改变的是破损边界的形状和测取的实验程序。

（2）实验测取破损边界和脆值的另一个复杂性问题，见图 2-14。图中涉及一个有两个易损件的产品破损边界叠合问题。对易损件 1 来说，产品具有较低的临界速度线，定义了组合破损区域的最左部分；对易损件 2 来说，具有较低的临界加速度线，定义了边界的最低部分。所以，实验测取破损边界和脆值时要查实易损件。

（3）多次冲击下的产品破损边界。产品在较低水平多次冲击下，也会产生疲劳破损，反复多次冲击下的产品破损边界见图 2-15。

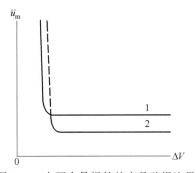

图 2-14　有两个易损件的产品破损边界

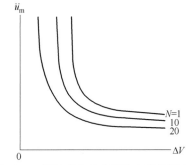

图 2-15　反复多次冲击下的产品破损边界

（4）产品振动破损边界与振动疲劳寿命曲线。长时间物流振动，特别是共振区域的振动，会使产品和部件产生振动疲劳破损，其原因是由于产品部件中某一薄弱点处材料疲劳所致。材料疲劳一般用疲劳寿命曲线（σ-N 曲线）描述，产品振动疲劳可用加速度振动疲劳寿命曲线 G_{rms}-N 曲线来描述[17-18]，G_{rms} 和 N 分别为产品加速度激励的均方根和总体循环数。产品的 G_{rms}-N 曲线实质上就是产品振动破损边界，可通过在不同加速度均方根水平激励下的随机振动实验获得。

图 2-16 给出了 $10\sim50\,\text{Hz}$ 限带白噪声加速度激励时实验测得的负载瓦楞纸箱在加速度总体循环数 $10^4\sim10^6$ 范围内的振动破损边界（G_{rms}-N 曲线，刚度下降 20% 和 30% 分别作为振动破损失效）[19]。图 2-17（见彩插）给出了 $10\sim30\,\text{Hz}$ 和 $4\sim44\,\text{Hz}$ 限带白噪声加速度激励时实验测得的印刷油墨在加速度总体循环数 $10^3\sim10^5$ 范围内的振动磨损边界（磨损量达 6% 和 8% 分别作为振动磨损失效）[20]。

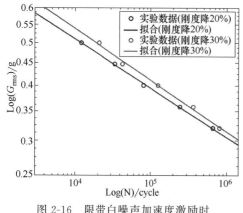

图 2-16 限带白噪声加速度激励时
负载瓦楞纸箱的振动破损边界

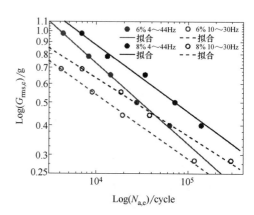

图 2-17 印刷油墨的振动磨损边界

第五节 包装件破损边界

前面几节讨论的产品脆值、冲击响应谱和破损边界，是针对产品的，揭示的是产品易损件响应与作用在产品上的冲击之间的关系。这一节我们讨论产品包装件的冲击响应和破损边界。

针对如图 2-18 的产品包装件，外界冲击是作用在外包装上的，通过缓冲包装衰减并

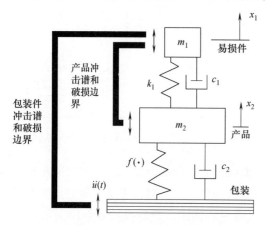

图 2-18 包装件的冲击谱和破损边界示意

传递到产品。为什么不直接将包装产品易损件的响应与作用在外包装上的物流冲击联系起来，直接按物流冲击情况判断易损件的破损，直接指导运输包装设计呢？

这个问题引出了产品包装件的冲击响应谱和破损边界概念。但在这种情况下，缓冲包装的效应，而且往往是非线性效应引入了分析系统，一般须将系统处理成二自由度非线性模型。中国学者在包装件的跌落和脉冲冲击

响应谱、破损边界和脆值的研究方面做出了系统性的重要贡献[21-28]。

一、包装件跌落破损边界[23-24]

1. 易损件响应分析模型

考虑包装件从高度 H 跌落，振动模型见图 2-19。m_1 为易损件，m_2 为产品，包装等效为线性或非线性弹簧和阻尼，系统的冲击振动方程为

$$\begin{cases} m_1\ddot{x}_1 + c_1(\dot{x}_1 - \dot{x}_2) + k_1(x_1 - x_2) = 0 \\ m_2\ddot{x}_2 - c_1(\dot{x}_1 - \dot{x}_2) + c_2\dot{x}_2 - k_1(x_1 - x_2) + f(x_2) = 0 \\ x_1(0) = x_2(0) = 0 \\ \dot{x}_1(0) = \ddot{x}_2(0) = V_0 = \sqrt{2gH} \end{cases} \tag{2-37}$$

为简化问题，抓住本质，以线性缓冲材料为例，并不考虑阻尼进行分析，有

$$f(x_2) = k_0 x_2 \tag{2-38}$$

引入无量纲位移和时间

$$X_1 = x_1/L, \quad X_2 = x_2/L, \quad \tau = t/T, \quad T = \sqrt{m_2/k_0}, \quad L = m_2 g/k_0 \tag{2-39}$$

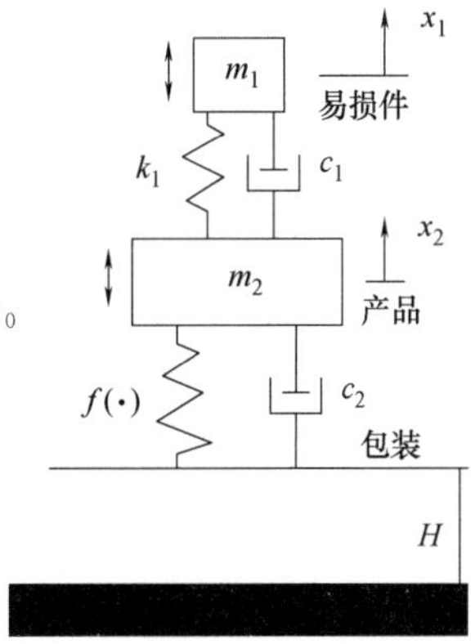

可得无量纲化的方程为

$$\begin{cases} X_1'' + \dfrac{\omega_1^2}{\omega_2^2}(X_1 - X_2) = 0 \\ X_2'' - \lambda\dfrac{\omega_1^2}{\omega_2^2}(X_1 - X_2) + X_2 = 0 \\ X_1(0) = X_2(0) = 0 \\ X_1'(0) = X_2'(0) = V = \sqrt{2k_0 H/m_2 g} \end{cases} \tag{2-40}$$

图 2-19 包装件跌落冲击二自由度模型

式中，ω_1 和 ω_2 为名义频率，λ 为质量比。$\omega_1 = \sqrt{k_1/m_1}$，$\omega_2 = \sqrt{k_0/m_2}$，$\lambda = m_1/m_2$。$(\cdot)'$ 和 $(\cdot)''$ 为对无量纲时间 τ 的一阶和二阶导数。

从上述方程可以看出，无量纲位移 X_i、速度 X_i' 和加速度 $X_i''(i = 1, 2)$ 只与无量纲的跌落速度 V、质量比 λ、频率比 ω_1/ω_2 有关。实际的加速度响应为 $\ddot{x}_i = X_i''g\ (i = 1, 2)$，因此也只与上述无量纲量有关。

2. 包装件跌落破损边界

通过方程（2-40）可求出系统的响应。易损件的最大加速度响应 $\ddot{x}_{1m}$，它只与无量纲的跌落速度 V、频率比 ω_1/ω_2、质量比 λ 有关。

设易损件的脆值为 A_c，考虑易损件的加速度响应达到其脆值即 $\ddot{x}_{1m} = A_c g$ 这一临界状态。选择频率比 ω_1/ω_2 及无量纲速度 V 为基本参数来评价包装件的跌落破损，则包装件跌落破损边界可由 $(\omega_1/\omega_2, V)$ 平面上的一组不同质量比 λ 的临界曲线描述，图 2-20 所示为给定质量比下的一根临界曲线。

当参数（ω_1/ω_2，V）进入曲线上方区域时，易损件将损坏。包装件跌落破损边界刻画易损件破损临界状态与包装件跌落高度、产品特性、包装材料特性之间的关系。

不同质量比下包装件跌落破损边界见图 2-21。可以看出，包装件跌落破损边界对频率比十分敏感，质量比也对其有影响。包装设计应避开频率比为 1 附近的区域。

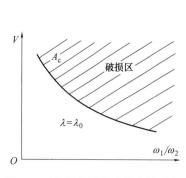

图 2-20　包装件跌落破损边界示意

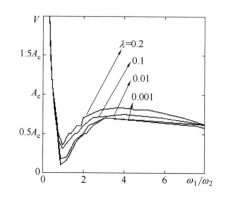

图 2-21　不同质量比下包装件跌落破损边界

二、脉冲作用下包装件的破损边界[25-26]

1. 易损件响应分析模型

包装件振动模型见图 2-22。

考虑包装件受半正弦脉冲作用

$$\ddot{u}(t)=\begin{cases} \ddot{u}_m\sin\dfrac{\pi t}{T_h} & 0\ll t\ll T_h \\ \\ 0 & t>T_h \end{cases} \tag{2-41}$$

系统的冲击振动方程为

$$\begin{cases} m_1\ddot{x}_1+c_1(\dot{x}_1-\dot{x}_2)+k_1(x_1-x_2)=0 \\ m_2\ddot{x}_2-c_1(\dot{x}_1-\dot{x}_2)+c_2(\ddot{x}_2-\dot{u})-k_1(x_1-x_2)+f(x_2-u)=0 \\ x_1(0)=x_2(0)=0 \\ \dot{x}_1(0)=\dot{x}_2(0)=0 \end{cases}$$

$$\tag{2-42}$$

以正切型缓冲材料为例进行分析，有

$$f(x_2)=\frac{2k_0 d_b}{\pi}\tan\frac{\pi x_2}{2d_b} \tag{2-43}$$

引入无量纲位移和时间

$$\begin{cases} X_1=(x_1-x_2)/L,\ X_2=(x_2-u)/L,\ \tau=t/T,\ \tau_0=T_h/T \\ T=\sqrt{m_2/k_0},\ L=2d_b/\pi,\ \beta=T^2/L=\pi m_2/2k_0 d_b \end{cases}$$

$$\tag{2-44}$$

可得无量纲化的方程为

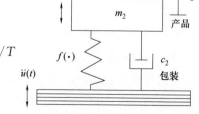

图 2-22　包装件受脉冲冲击的二自由度模型

$$\begin{cases} X_1'' + 2(\lambda+1)\lambda_1\xi_1 X_1' - 2\xi_2 X_2' + (\lambda+1)\lambda_1^2 X_1 - \tan X_2 = 0 \\ X_2'' - 2\lambda\lambda_1\xi_1 X_1' + 2\xi_2 X_2' - \lambda\lambda_1^2 X_1 + \tan X_2 = -\beta\ddot{u} \\ X_1(0) = X_2(0) = 0 \\ X_1'(0) = X_2'(0) = 0 \end{cases} \qquad (2\text{-}45)$$

式中

$$\lambda_1 = \omega_1/\omega_2 \qquad (2\text{-}46)$$

其他符合同前。半正弦脉冲可改写为

$$\ddot{u}(t) = \begin{cases} \ddot{u}_m \sin\dfrac{\pi\tau}{\tau_0} & 0 \ll \tau \ll \tau_0 \\ 0 & \tau > \tau_0 \end{cases} \qquad (2\text{-}47)$$

从上述方程可以看出，无量纲位移 X_i、速度 X_i' 和加速度 X_i''（$i=1$，2）只与无量纲的脉冲幅值 $\beta\ddot{u}_m$ 和作用时间 τ_0、质量比 λ、频率比 λ_1、阻尼比 ξ_1 和 ξ_2 有关。实际的加速度响应为

$$\ddot{x}_1 = (X_1'' + X_2'')/\beta + \ddot{u} \qquad (2\text{-}48)$$

$$\ddot{x}_2 = X_2''/\beta + \ddot{u} \qquad (2\text{-}49)$$

2. 包装件破损边界

尽管方程（2-45）相对复杂，又有非线性项，但可采用 Runge-Kutta 法数值求解，求出系统的响应。同样关注易损件的最大加速度响应 $\ddot{x}_{1m}$，发现它与脉冲幅值 $\ddot{u}_m$ 和作用时间 τ_0、系统参数 β、质量比 λ、频率比 λ_1、阻尼比 ξ_1 和 ξ_2 有关。

设易损件的脆值为 A_c，在上述各因素作用下，考虑易损件的加速度响应达到其脆值即 $\ddot{x}_{1m} = A_c g$ 这一临界状态。选择无量纲化脉冲速度改变量 $\ddot{u}_m\tau_0/A_c g$（等于 $\omega_2\ddot{u}_m T_h/A_c g$）、频率比 λ_1 和无量纲化脉冲幅值 $\ddot{u}_m/A_c g$ 为基本参数来评价包装件的脉冲冲击破损，则包装件脉冲冲击破损边界可由（$\ddot{u}_m\tau_0/A_c g$，λ_1，$\ddot{u}_m/A_c g$）三维空间的一个临界曲面描述。应用 Runge-Kutta 法，可得到该包装件具体的破损边界。

图 2-23 所示（见彩插）为包装件在某特定参数下的破损边界，不同频率比下的破损边界差异较大。

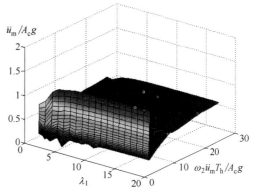

图 2-23　包装件受半正弦脉冲冲击的破损边界

第三章　缓冲包装材料

第一节　缓冲材料分类与性能要求

第一章讨论了产品运输环境条件，第二章讨论了产品脆值及其评价方法，这一章将讨论缓冲包装材料及其吸能表征。

一、缓冲材料分类

什么叫缓冲包装呢？缓冲包装是指用缓冲材料、结构、元件保护内容产品，避免过量冲击和振动而造成产品破损的一种技术或包装形式。缓冲包装一般由外包装容器、缓冲介质和内容产品组成，外包装容器就是产品包装最外面的一个容器，比如瓦楞纸箱、蜂窝纸板箱、木箱、塑料箱等。外包装容器里面有缓冲介质层，就是缓冲材料和结构。缓冲介质层支撑、包裹产品，对产品起缓冲作用。缓冲包装设计最核心的就是要设计好缓冲介质层。

作为缓冲介质层的常用缓冲材料和结构有很多，按照它的品质分类，可分为四类：纤维类，发泡类，气垫、气柱、气袋结构类，弹簧类。

瓦楞纸板、蜂窝纸板、纸浆模等纸制品属于结构型纤维类缓冲材料，实际应用很多，羊毛、羽毛、毛毡等属于动物纤维类缓冲材料，石棉、玻璃纤维等属于矿物纤维类缓冲材料。

发泡类缓冲材料包括了天然的多孔材料和合成发泡材料。发泡材料在缓冲包装中应用非常广，如各种泡沫塑料（发泡聚苯乙烯、聚乙烯、聚丙烯）、泡沫橡胶、发泡植物纤维等，泡沫塑料其缓冲和吸能性能非常好。

气垫、气柱、气袋结构类是近年快速发展的一类缓冲材料。气垫和气柱结构常用于易碎品的缓冲，如小型电子产品的气垫塑料薄膜包装，瓶装酒的气柱结构包装。气袋结构主要用于充填集装箱或运输工具内包装件之间的空隙，以固定和支撑包装件。

弹簧类缓冲材料包括了金属丝弹簧、板弹簧、橡胶弹簧等。这一类主要用于比较贵重的物品的运输包装，比如采用弹簧吊装贵重物品的缓冲包装，也常用于比较重型的产品的缓冲。"凤凰号"火星探测器登陆火星时，通过降落伞和强烈的喷气反推，将"凤凰号"速度迅速降下来。着陆前，"凤凰号"下部三脚架打开。这个三脚架就是很好的弹簧缓冲结构，着陆一瞬间，三脚架有效缓冲了着陆的冲击振动，保护了"凤凰号"及所承载的精密仪器设备，并支撑探测器平台，如图 3-1 所示。

除按品质分类外，缓冲材料也可按照物理形态分成三类：一类是预制成型的缓冲材料，如各种垫片、垫块、垫圈和纸浆模塑等制品；第二类是现场发泡成型的缓冲材料，按

图 3-1　"凤凰号"火星探测器着陆

照产品的外形直接进行发泡成型，包裹产品并与外包装容器贴合，如聚氨酯通常采用现场发泡成型；还有一类就是散状填料，如纸屑、刨花、纸浆发泡块等。散状填料主要用于充填产品与外包装容器间的空隙，起到固定和保护产品的作用。

二、缓冲材料性能要求

并不是所有材料都适合用作为缓冲材料的，对缓冲材料有一系列的物理化学性能、加工工艺性、环保和经济性的基本要求。

在物理化学性能要求方面，第一，它需有良好的弹性和恢复性，即缓冲包装材料受力变形后，它能够恢复原来状态的能力，否则，运输过程中缓冲材料尺寸会有较大变化，产品与外包装容器间会有较大间隙，难以有效保护产品；第二，它需有良好的缓冲性能，以吸收和消耗掉外界振动冲击的能量，使传递到产品的振动冲击能量尽可能的少；第三，它需具有一定的抗破碎性。若材料受到较小振动冲击就破碎的话，它的缓冲材料形态就无法保持，则起不到缓冲垫的作用；第四，它需具有较好的温湿度稳定性。运输过程会经历很大的温度和湿度变化，有时候白天跟晚上、从一个地区到另一个地区可能会有几十度温差，湿度相差也很大。在这样的一个温湿度变化下，材料的基本性能要保持稳定；第五，它需具有较好的化学稳定性，不能与运输和储存环境中的一些介质发生化学反应，导致其性质不稳定。同时，材料的化学不稳定性对包装的产品可能会产生污染，特别是对食品、生物制品而言，由于材料的化学不稳定性产生污染是不允许的；第六，它需有较好的抗吸潮性能。纸质类缓冲材料受潮后性能下降明显，90%相对湿度下的性能与50%相对湿度下的相比会下降一半左右，所以，纸质类缓冲材料就要有一定的防潮处理。

除了物理化学性能要求以外，缓冲材料需具有良好的加工工艺性，要便于加工，加工困难就会导致它的加工成本很高。发泡材料易于加工成型，要什么形状就可发泡成什么形状，加工工艺性很好；瓦楞纸板加工成板材和成型成纸箱工艺简单，成型性好；蜂窝纸板加工成板材工艺性也好，但要加工成一立体的结构缓冲垫，需切割后再粘贴才能成型，那它的加工工艺性就差一些，这影响到了它作为结构缓冲垫的使用。

缓冲材料的环保性能引起了社会的普遍关注。缓冲材料废弃后要易于处理，即易于回收、复用、再生或降解，有利于环境保护，这是全社会对缓冲材料的要求。

最后一点，就是对缓冲材料的经济性考虑。缓冲包装大都是一次性使用的，需要其制造和运输成本较低，并容易采购。我们可以看到，包装企业都是有特定服务区域和服务半径的，大型包装企业会在世界各地开设分厂，就是出于服务半径的考虑，使产品制造企业容易采购包装材料、降低运输成本。

以上是对缓冲材料9点最为重要的要求。要选择一个缓冲包装材料的话，就要从这九个方面来进行考虑。

第二节　缓冲材料的力学模型

选择缓冲包装材料要从九个方面加以考虑，其中缓冲性能是要重点和详细考察的，所以，需要建立缓冲包装材料的力学模型。

一、线弹性材料模型

缓冲包装材料的力学模型多种多样，第一种为线弹性材料模型，如图 3-2 所示。

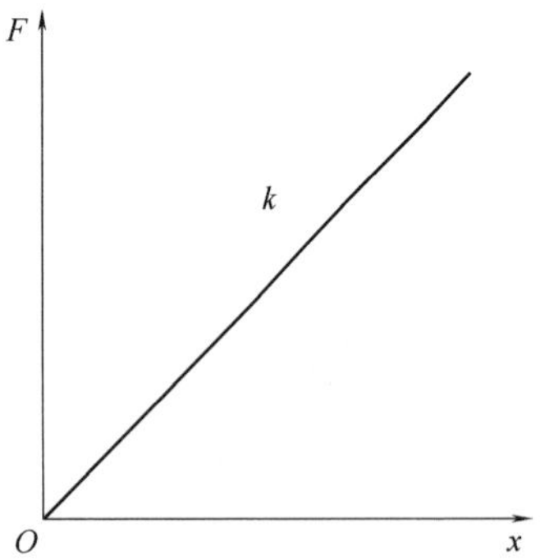

线弹性材料指缓冲材料受压时，力跟位移是成正比的，其数学表达式为

$$F = kx \tag{3-1}$$

k 称为弹性系数。如用应力-应变关系表述的话，为

$$\sigma = E\varepsilon \tag{3-2}$$

E 称为弹性模量。很显然，

$$E = \frac{kT}{A} \tag{3-3}$$

所以弹性模量 E 与弹性系数 k、缓冲材料厚度 T 和面积 A 有关。

图 3-2　线弹性材料模型

哪些缓冲材料可认为是线弹性材料呢？弹簧它是线弹性的，橡胶在一定的范围内可认为是线弹性的，瓦楞纸板、蜂窝纸板、发泡材料等在变形的初始阶段是线弹性的，但在实际工作变形阶段，是非线性的。大部分材料在变形的初始阶段都具有线弹性的特性。

二、正切型材料模型

第二种为正切型材料模型，它的力-位移曲线如图3-3 所示。正切型材料指缓冲材料受压时，力跟位移是成正切型关系

$$F = \frac{2k_0 d_{\mathrm{b}}}{\pi} \tan \frac{\pi x}{2d_{\mathrm{b}}} \tag{3-4}$$

在这个模型里，有两个常数，k_0 和 d_{b}，都有明确的物理含义。k_0 为力-位移曲线在 $x = 0$ 时的斜率，称为初始弹性系数；d_{b} 称为材料的变形极限，当 $x \to d_{\mathrm{b}}$

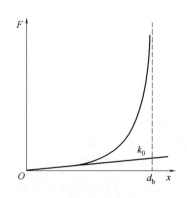

图 3-3　正切型材料模型

时，$F \rightarrow \infty$，材料就压密实了。一般来说，纤维类材料（非结构型、非发泡型）如植物纤维材料可认为是正切型材料。

三、双曲正切型材料模型

第三种为双曲正切型材料模型，如图 3-4 所示。双曲正切型材料指缓冲材料受压时，力跟位移成双曲正切型关系

$$F = F_0 \tanh \frac{k_0 x}{F_0} \qquad (3-5)$$

在这个模型里，也有两个常数，k_0 和 F_0，也都有明确的物理含义。k_0 为力-位移曲线在 $x=0$ 时的斜率，称为初始弹性系数；F_0 为压缩时力的极限值。瓦楞纸板、蜂窝纸板、发泡塑料等材料在其变形密实化之前，即正常工作状态下，具有双曲正切型材料的特性。大家可以想一下，有没有这样一种材料？或者也可以考虑设计一下这种材料，让它变形可以不断持续下去，而施加力大小不变。这种材料很有用，在很大变形范围内，我们可以调控它的力不超过 F_0。这种材料做缓冲包装是不是很保险呢？外界冲击很大，缓冲材料变形可以很大，但作用在产品上的力不会超过预设的调控力 F_0，产品始终安全。

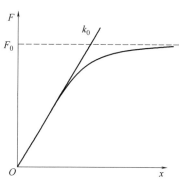

图 3-4 双曲正切型材料模型

四、三次非线性材料模型

下面一种就是三次非线性材料模型，如图 3-5 所示。三次非线性材料指缓冲材料受压时，力跟位移成一次方加三次方关系

$$F = k_0 x + \gamma x^3 \qquad (3-6)$$

这种材料工程上和科学研究上都用的比较多。

在这个模型里，也有两个常数，k_0 和 γ，也都有明确的物理含义。k_0 为力-位移曲线在 $x=0$ 时的斜率，称为初始弹性系数；γ 称为弹性系数增长率，γ 大于

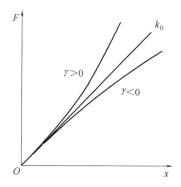

图 3-5 三次非线性材料模型

0，称材料为硬弹簧型，γ 小于 0，称材料为软弹簧型。一般，吊装弹簧结构和木屑、塑料丝、涂胶纤维等材料属于这一类材料。弹簧不是线性型的吗？怎么出现力跟位移是非线性的呢？这里注意了，弹簧本身是线性的，但弹簧组成的结构总体上是非线性的，实质上是几何非线性问题了。如图3-6 所示弹簧斜悬挂产品系统，例如计算机的芯片，它的脆值很低，那么在运输过程中可采用弹簧斜悬挂方式进行缓冲，

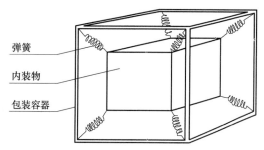

图 3-6 弹簧斜悬挂产品系统

8根弹簧相同，悬挂角相同，这一系统在垂直方向上力-位移关系是非线性的，当位移比较小时是三次非线性的。

五、一般的非线性缓冲材料模型

最后，讨论一种较为一般的非线性缓冲材料模型，见图3-7。缓冲材料或结构受压，力较小时，力-位移关系接近线性，然后材料或结构进入一个很长的屈服平台，之后材料逐渐压密实，力迅速上升。这一变形过程可以分为三个阶段：线性阶段、屈服阶段和密实化阶段。大部分多孔材料，如发泡塑料、蜂窝纸板、瓦楞纸板的力-位移关系基本属于这一类。如要将这一变形过程数学模型化的话，可以分段处理。例如，线性阶段和屈服阶段可用前面讲过的双曲正切型材料模型描述，密实化阶段可用前面讲过的正切型材料模型描述。这个模型在缓冲材料的研究中会经常用到。

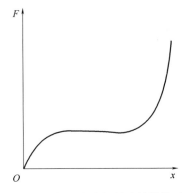

图3-7　一般的非线性缓冲材料模型

第三节　缓冲材料组合

前面讲的是单一缓冲材料受压时的材料模型，实际往往会用到两种或多种材料的组合，形成组合缓冲材料。这里讨论两种材料的组合问题。组合有两种情况：叠置和并列。

一、叠　置

面积相同、厚度不同的两种材料上下叠置，见图3-8。在缓冲包装中，发泡材料与瓦楞纸箱共同起缓冲作用，所以发泡材料与瓦楞纸板就是两种材料的叠置。

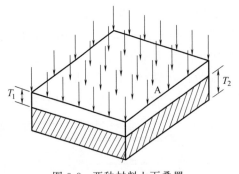

图3-8　两种材料上下叠置

1. 线弹性材料的叠置

力-位移关系为

$$F=kx \tag{3-7}$$

两种材料上下叠置受压时，上下材料压力是相同的，总的变形 x 等于两个变形 x_1、x_2 之和，即

$$F=F_1=F_2 \tag{3-8}$$

$$x=x_1+x_2 \tag{3-9}$$

再利用弹性模量与弹性系数的关系式（3-3），就可得到组合材料弹性模量的表达式为

$$E=\frac{E_1E_2T}{E_1T_2+E_2T_1} \tag{3-10}$$

从这个式子可以看出来，叠置后组合材料弹性模量 E 与两个材料弹性模量和各自的厚度有关。而且，很容易证明，组合材料弹性模量介于两种材料弹性模量（$E_2 \leqslant E_1$）之间，即

$$E_2 \leqslant E \leqslant E_1 \tag{3-11}$$

2. 非线性材料的叠置

如式（3-9）所示，总的变形 x 等于两个变形 x_1、x_2 之和。将这个式子变一下形，得

$$\frac{x}{T} = \frac{T_1}{T} \frac{x_1}{T_1} + \frac{T_2}{T} \frac{x_2}{T_2} \tag{3-12}$$

x/T 是总的应变，x_1/T_1 是第一个材料的应变，x_2/T_2 是第二个材料的应变。所以我们得到总的应变与两个材料应变之间的关系式

$$\varepsilon = \alpha \varepsilon_1 + \beta \varepsilon_2 \tag{3-13}$$

式中，α 是第一个材料占的厚度比 T_1/T，β 是第二个材料占的厚度比 T_2/T，$\alpha + \beta = 1$。这一关系式再变一下形式，可得到下式

$$\frac{\varepsilon_2 - \varepsilon}{\varepsilon - \varepsilon_1} = \frac{\alpha}{\beta} = \frac{T_1}{T_2} \tag{3-14}$$

这个公式启发我们什么呢？如图 3-9 所示，（1）表示的是第一个材料的应力-应变曲线，（2）表示的是第二个材料的应力-应变曲线，中间的曲线是叠置后组合材料的应力-应变曲线。看图中的水平平行线段，譬如 cc'，$\varepsilon_2 - \varepsilon$ 和 $\varepsilon - \varepsilon_1$ 就是 cc' 的右和左两部分线段，按式（3-14）其长度比应该就是 α/β，也就是材料厚度比 T_1/T_2。换句话说，将材料（1）和（2）之间的各水平线段 aa'、bb'、cc' 等按材料厚度比 T_1/T_2 的比例右左分割就可得到叠置后的组合材料应力-应变曲线。

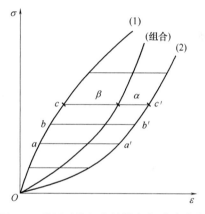

图 3-9　叠置后的组合材料应力-应变曲线

二、并　　列

面积不同、厚度相同的两种材料并列见图 3-10。

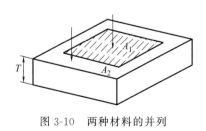

图 3-10　两种材料的并列

1. 线弹性材料的并列

力-位移关系为式（3-7），两种材料并列受压时，变形是相同的，总的力 F 等于两部分力 F_1、F_2 之和，即

$$x = x_1 = x_2 \tag{3-15}$$

$$F = F_1 + F_2 \tag{3-16}$$

再利用弹性系数与弹性模量的关系式（3-3），就可得到组合材料弹性模量的表达式为

$$E = \frac{E_1 A_1 + E_2 A_2}{A} \tag{3-17}$$

从这个式子可以看出，并列后组合材料弹性模量 E 与两个材料弹性模量和各自的面积有关。而且，很容易证明，组合材料弹性模量介于两种材料弹性模量（$E_2 \leqslant E_1$）之间，即式（3-11）。

2. 非线性材料的并列

将式（3-16）变一下形，得

$$\frac{F}{A} = \frac{A_1}{A} \frac{F_1}{A_1} + \frac{A_2}{A} \frac{F_2}{A_2} \tag{3-18}$$

F/A 是组合材料的应力，F_1/A_1 是第一个材料的应力，F_2/A_2 是第二个材料的应力，所以我们得到组合材料的应力与两个应力之间的关系式

$$\sigma = \alpha \sigma_1 + \beta \sigma_2 \tag{3-19}$$

式中，α 是第一个材料占的面积比 A_1/A，β 是第二个材料占的面积比 A_2/A，$\alpha + \beta = 1$。这一关系式再变一下形式，可得到公式

$$\frac{\sigma_1 - \sigma}{\sigma - \sigma_2} = \frac{\beta}{\alpha} = \frac{A_2}{A_1} \tag{3-20}$$

如图 3-11 所示，（1）表示第一个材料的应力-应变曲线，（2）表示第二个材料的应力-应变曲线，中间的曲线是并列后组合材料的应力-应变曲线。看图中的垂直平行线段譬如 cc'，σ_1-σ 和 σ-σ_2 就是 cc' 的上下两部分线段，按式（3-20）其长度比应该就是 β/α，也就是材料面积比 A_2/A_1。换句话说，将材料（1）和（2）之间的各垂直线段 aa'、bb'、cc' 等按材料面积比 A_2/A_1 的比例上下分割就可得到并列后的组合材料应力-应变曲线。

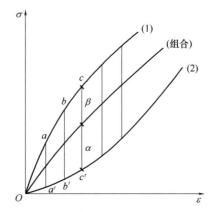

图 3-11　并列后的组合材料应力-应变曲线

综上所述，对于两种材料的组合问题，不管是叠置还是并列，组合后材料的应力应变曲线有以下特点：

（1）与两种材料的应力应变曲线有关，还与两材料的结构尺寸比有关。叠置时与材料厚度比有关，并列时与材料面积比有关。

（2）介于两种材料的应力应变曲线之间。改变两种材料的结构尺寸比可以调控组合材料的应力应变曲线。

最后，举例说明两种材料组合问题的算例。

【例】已知受力面积为 $5\mathrm{cm}^2$、厚度为 $4\mathrm{cm}$ 的两种方形缓冲材料，其力-位移表达式分别为

$$\overline{F}_1 = 2x + 0.12x^3$$

$$\overline{F}_2 = 3x + 0.32x^3$$

设计这两种材料的并列放置，其中材料 1 的受力面积为 $3\mathrm{cm}^2$，材料 2 的受力面积为 $2\mathrm{cm}^2$，总的受力面积为 $5\mathrm{cm}^2$。求组合后的力-位移表达式。

【解】

组合材料的力-位移表达式为：

$$F = F_1 + F_2 = \sigma_1 A_1 + \sigma_2 A_2 = \frac{\overline{F_1}}{A_1} A_1 + \frac{\overline{F_2}}{A_2} A_2 = \frac{3}{5}\overline{F_1} + \frac{2}{5}\overline{F_2}$$

$$= \frac{3}{5}(2x + 0.12x^3) + \frac{2}{5}(3x + 0.32x^3) = 2.4x + 0.2x^3$$

第四节 材料吸能表征——应力-应变曲线

对材料的吸能，工程上常用应力-应变曲线和能量吸收图的方法来表征。

材料应力-应变曲线给出了材料变形过程中的应力-应变关系。曲线的横坐标是应变，纵坐标是应力，曲线的形状可反映出材料在外力作用下发生的弹性、脆性、塑性、屈服、断裂等各种变形过程，是材料机械性能的表征。同时，应力-应变曲线包含了材料能量吸收的成分。缓冲材料的能量吸收可用材料储存的变形能，也即材料应力-应变曲线下的面积来表征，这是材料吸能表征的一个基本方法。

对缓冲材料而言，在外力作用下吸收的能量越多，那么传递到产品的能量就越少，产品就越安全。

一、发泡塑料应力-应变曲线

我们讨论常用缓冲材料的应力-应变曲线。首先讨论发泡聚乙烯（EPE）动态压缩过程，图 3-12 所示为厚度 35mm、密度为 $20\sim30kg/m^3$ 的发泡聚乙烯试样在 50cm 落锤冲击时的应力-应变曲线[29]。当变形较小时，应力与应变成良好线性关系，线性阶段结束后就进入了密实化阶段。

图 3-13 所示为发泡聚氨酯（EPU）的静态和 50、80、100cm 落锤跌落冲击的动态压缩应力-应变曲线[30]。可以看出，应力-应变曲线与落锤跌落冲击高度，即跌落冲击速度，也即材料应变率明显相关，表明该材料有明显的应变率效应。

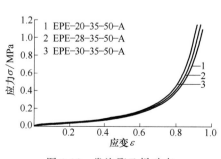

图 3-12 发泡聚乙烯动态
压缩应力-应变曲线

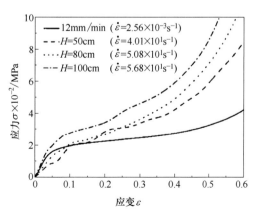

图 3-13 发泡聚氨酯静态和动态
压缩应力-应变曲线

二、多层瓦楞纸板应力-应变曲线

再来看多层瓦楞纸板压缩时的变形过程。图 3-14 所示为瓦楞纸板的结构示意。t_c 为瓦楞芯纸厚度，λ 为瓦楞跨度，h_c 为瓦楞高度，t_c/λ 称为瓦楞的厚跨比。

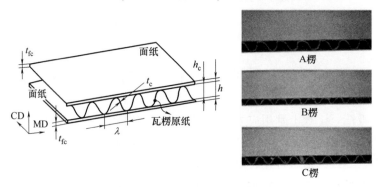

图 3-14　瓦楞纸板结构示意

多层瓦楞纸板压缩应力-应变曲线包括弹性阶段、多次屈曲平台阶段和密实化阶段，如图 3-15 所示。

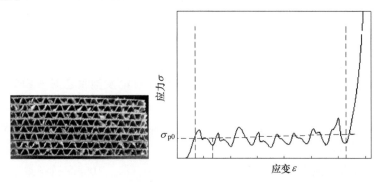

图 3-15　多层瓦楞纸板压缩应力-应变曲线

在弹性阶段，多层瓦楞纸板的压缩应变随应力的增加而线性地上升。弹性阶段结束后，多层瓦楞纸板的最弱层首先发生屈曲，进而进入各层依次屈曲的平台阶段，应力-应变曲线上是一段很长的略显上升趋势的波动区域，吸收和耗散了大量的压缩能量，理论上出现的屈曲数与瓦楞的层数应是一致的。多层瓦楞纸板各层完全坍塌后，进入密实化阶段。

显然，多层瓦楞纸板的能量吸收取决于屈曲应力和平台阶段的屈曲个数，即瓦楞的层数。

研究表明，多层瓦楞纸板的初始屈曲应力 σ_{p0} 由瓦楞纸板的厚跨比 t_c/λ 决定，可由式（3-21）预测[31]。

$$\sigma_{p0} = \sigma_s \alpha \left(\frac{t_c}{\lambda}\right)^2 \tag{3-21}$$

式中，σ_s 为瓦楞芯纸的屈服强度，α 是与瓦楞形状和楞型有关的常数。

三、蜂窝纸板应力-应变曲线

图 3-16 所示为蜂窝纸板结构示意。t 为蜂窝胞壁单层厚度，l 为胞元边长，T 为蜂窝芯高度，t/l 称为厚跨比，T/l 称为高跨比。

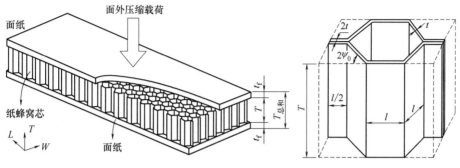

图 3-16　蜂窝纸板结构示意

研究表明，蜂窝纸板压缩性能主要受蜂窝厚跨比 t/l 的影响。不同厚跨比下蜂窝纸板静态和落锤 60cm 高度跌落冲击的动态压缩应力-应变曲线如图 3-17 和图 3-18 所示。

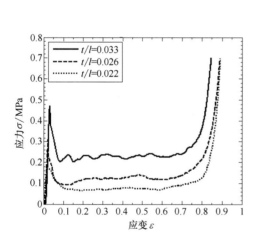

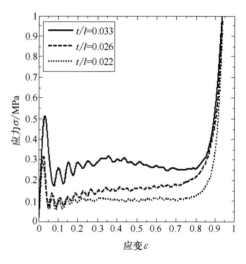

图 3-17　蜂窝纸板静态压缩应力-应变曲线　　　图 3-18　蜂窝纸板动态压缩应力-应变曲线

采用有限元法可以分析蜂窝纸板的动态压缩过程，落锤 60cm 高度跌落冲击蜂窝纸板的动态压缩变形三维视图过程如图 3-19 所示[32]。

蜂窝纸板的静态和动态压缩应力-应变曲线具有明显的四个阶段，分别为：弹性阶段、首次屈曲阶段、屈曲平台阶段和密实化阶段，如图 3-20 所示。

在弹性阶段（OA 段），蜂窝纸板的压缩应变随应力的增加而线性地上升。当应力升至最高点尖峰 A 后，弹性阶段结束，蜂窝胞壁第一个褶皱出现，发生屈曲，并进而出现以塑性胶为特征的胞壁折叠，载荷迅速下降，出现首次屈服阶段，见 AB 段。随着压缩的进行，胞壁的屈曲和折叠从顶部向下传播扩展，胞壁不断叠缩，进入屈服平台阶段（BC 段），应力-应变曲线上是一段很长的上下波动平台区域。正是在这一段平台区，蜂窝纸板

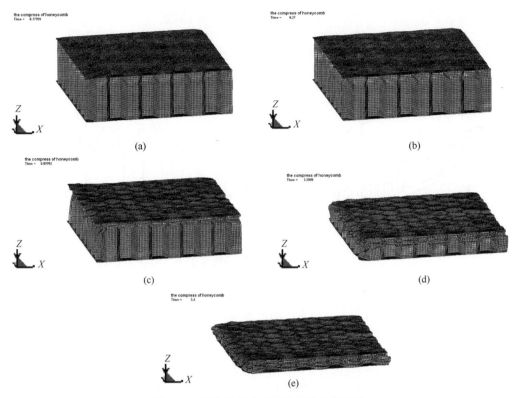

图 3-19　蜂窝纸板动态压缩变形三维视图

（a）弹性阶段　（b）首次屈曲阶段　（c）平台阶段 1　（d）平台阶段 2　（e）密实化阶段

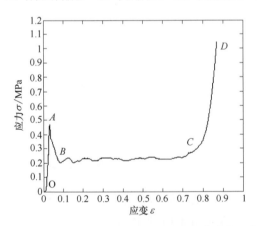

图 3-20　蜂窝纸板静态和动态压缩应力-应变曲线的四个阶段

通过胞壁不断叠缩，吸收和耗散了大量的压缩和冲击能量。全部胞壁叠缩完成，蜂窝纸板完全坍塌，进入密实化阶段（CD 段）[32]。图 3-21 所示为蜂窝纸板压缩坍塌后的变形状况。

　　蜂窝纸板压缩至一定应变时，其应力-应变曲线下的面积即为蜂窝纸板的能量吸收。可以看出，蜂窝纸板能量吸收的大小取决于屈服平台阶段（BC 段）的平台应力和平台长度。研究表明，蜂窝纸板平台应力 σ_p 由蜂窝纸板胞壁的厚跨比 t/l 决定，可由式（3-22）

胞壁渐进折叠

图 3-21　蜂窝纸板压缩坍塌后的变形状况

预测[33]。

$$\sigma_{\mathrm{p}} = \sigma_{\mathrm{s}} \left[\alpha \left(\frac{t}{l} \right)^{\frac{5}{3}} + \beta \left(\frac{t}{l} \right)^2 \right] \tag{3-22}$$

式中，σ_{s} 为蜂窝胞壁单层材料的屈服强度，α、β 为常数，取决于蜂窝夹角以及双层与单层壁板屈服强度之比。

蜂窝纸板的平台长度主要由蜂窝芯高度与胞元边长之比即高跨比 T/l 决定。

总结一下，这一节我们讨论了用应力-应变曲线来表征缓冲材料的吸能，主要讨论了三类多孔材料：发泡塑料、多层瓦楞纸板和蜂窝纸板。这些多孔材料大都有较长的屈曲平台阶段，可吸收和耗散大量的压缩和冲击能量，非常适合于用作缓冲包装材料。已有研究表明，决定这些多孔材料缓冲性能的主要因素为：材料屈服强度、胞壁厚度与胞壁尺度的比值、应变率。对纸质多孔材料而言，湿度的影响也是至关重要的因素。后面的一节还会讨论到这些因素的影响。

第五节　材料吸能表征——能量吸收图

一、能量吸收图的概念

这一讲讨论缓冲材料吸能表征的更直接的方法——能量吸收图。在前面应力-应变曲线部分讲到，应力-应变曲线下的面积就是材料吸收的能量，即缓冲材料吸收的能量为

$$W = \int_0^\varepsilon \sigma \mathrm{d}\varepsilon \tag{3-23}$$

以应力 σ 为横坐标，吸收能量 W 为纵坐标，直接表征材料在压缩到任意应力 σ 时的吸能状况，称之为能量吸收图。也可以应变 ε 为横坐标、吸收能量 W 为纵坐标来定义能量吸收图。很显然，能量吸收图是应力-应变曲线的变体。我们通过以下例子来进一步掌握两者之间的关系。

【例】　按多层瓦楞纸板压缩时的应力-应变曲线特征，可将其理想化为如图 3-22 所示的应力-应变曲线，请画出其能量吸收图。

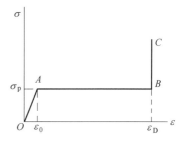

图 3-22　多层瓦楞纸板压缩
应力-应变曲线模型

【解】

OA 段：$W=\dfrac{\varepsilon_0}{2\sigma_p}\sigma^2$，为抛物线。$W_A=\dfrac{\sigma_p\varepsilon_0}{2}$；

AB 段：$\sigma=\sigma_p$，为垂直线。$W_B=\sigma_p\varepsilon_D-\dfrac{\sigma_p\varepsilon_0}{2}$；

BC 段：$W=\sigma_p\varepsilon_D-\dfrac{\sigma_p\varepsilon_0}{2}$，为水平线。

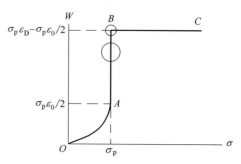

能量吸收图便可画出，见图 3-23。AB 段应力较小，能量吸收快速增大，在 B 点达到最大。B 点称为能量吸收图的肩点，理论上是设计最佳点，但偏向安全性考虑，肩点下面附近的点为材料缓冲包装设计最佳点。

图 3-23　多层瓦楞纸板压缩模型的能量吸收图

二、常用包装材料的能量吸收图

图 3-24 所示为发泡聚氨酯（EPU）的静态和不同高度落锤跌落冲击的动态压缩能量吸收图[30]。可以看出，能量吸收与应变率明显相关。由于该材料应力-应变曲线上屈曲平台（图 3-13）不是十分明显，相应能量吸收图上肩点部分也就不是十分明显。

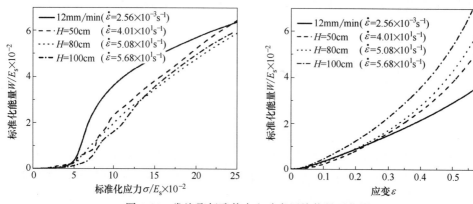

图 3-24　发泡聚氨酯静态和动态压缩能量吸收图

图 3-25 为 50% 相对湿度下 8 种瓦楞厚跨比的多层瓦楞纸板跌落冲击的能量吸收图[34]。随着厚跨比的增加，能量吸收曲线的肩点向右上方移动，平台应力和能量吸收随瓦楞厚跨比的增加而明显增加。

图 3-26（见彩插）为瓦楞厚跨比 $\dfrac{t_c}{\lambda}=0.0334$ 的多层瓦楞纸板在不同环境条件下（温度 23℃，相对湿度分别为 40%～95%）的跌落冲击能量吸收图[34]。随着相对湿度的增加，能量吸收曲线的肩点向左下方移动，平台应力和能量吸收随相对湿度的增加而大大减小。由于是对数坐标，这种减少可接近一个量级的变化范围。

最后来看蜂窝纸板[35-38]。图 3-27 为蜂窝纸板在 6 种应变率冲击下的能量吸收图[35]。

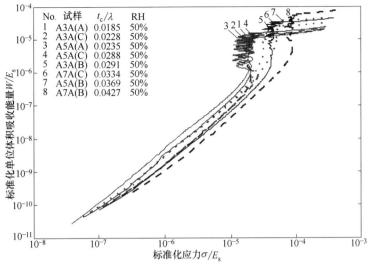

图 3-25 多层瓦楞纸板跌落冲击能量吸收图

（50％相对湿度，8 种瓦楞厚跨比）

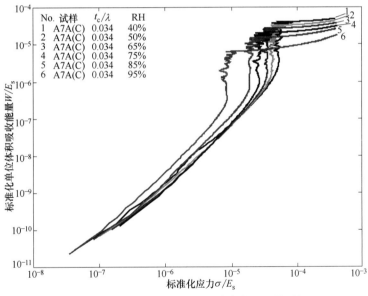

图 3-26 多层瓦楞纸板跌落冲击能量吸收图

（厚跨比 0.0334，相对湿度 40％～95％）

应变率在 $10^{-4} \sim 10^{2}/s$ 范围，较低的 $10^{-4} \sim 10^{-2}/s$ 的 3 种应变率分别对应于 2、12、80mm/min 速率的准静态压缩，较高的 $10^{1} \sim 10^{2}/s$ 的 3 种应变率分别对应于30、60、90cm 高度的跌落冲击。准静态压缩范围内的 3 条能量吸收曲线 1、2、3 差异极小，跌落冲击范围内的 3 条能量吸收曲线 4、5、6 差异也较小，且均向右上方有较大移动。跌落冲击和准静态压缩两种情况下的平台应力和能量吸收明显不同，前者是后者的 2 倍左右。所以，缓冲包装设计时，需按材料动态冲击时的性能选用，如选用材料静态压缩缓冲性能，则会大大低估材料性能，造成产品过包装。

此外，从图 3-27 可看出，跌落冲击时平台应力出现剧烈的波动，反映了蜂窝纸板跌

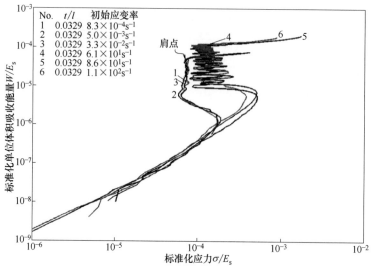

图 3-27　6 种应变率冲击下的蜂窝纸板能量吸收图

落冲击时蜂窝的动态屈曲和叠缩变形特征。

第六节　缓 冲 系 数

一、缓冲系数的概念

前面讨论了缓冲材料的能量吸收 W 和平台应力 σ_p。从保护产品出发，缓冲材料吸收的冲击、振动能量越大，传递到产品的能量则越少。同时，缓冲材料冲击、振动时的应力保持在较小的水平，传递到产品的作用力和加速度较小，不会超过产品的许用脆值。如何考虑和统一这两个因素，来表征材料的缓冲性能呢？我们引入缓冲系数的概念。缓冲系数定义为缓冲材料压缩变形时的应力除于该应力下材料所吸收的能量，即

$$C = \frac{\sigma}{W} = \frac{\sigma}{\int_0^\varepsilon \sigma \, \mathrm{d}\varepsilon} \qquad (3\text{-}24)$$

以应力 σ 为横坐标，缓冲系数 C 为纵坐标，可画出缓冲系数曲线。

以下对缓冲系数作进一步说明：

（1）缓冲系数是材料缓冲性能的表征。它表征了材料一定应力水平下吸收能量的能力，这是物理含义。这一定义很好地统一了材料吸能和应力水平这两个因素。应力越小，吸收能量越大，缓冲系数就越小，材料缓冲性能也就越好。

（2）表征材料的缓冲性能也常用缓冲效率的概念。缓冲效率为缓冲系数的倒数，即

$$\eta = \frac{1}{C} = \frac{W}{\sigma} = \frac{\int_0^\varepsilon \sigma \, \mathrm{d}\varepsilon}{\sigma} \qquad (3\text{-}25)$$

（3）一般而言，缓冲材料内各点的变形和应力状态不同，缓冲系数是定义在一点的，材料不同点的缓冲系数不同。缓冲包装设计中，材料均匀压缩变形是最为常见的，这时缓冲系数和缓冲效率可简化为式（3-26）。式中，F 为材料压缩力，T 为材料厚度，W_c 为材

料总的吸能。

$$C=\frac{FT}{W_{\mathrm{c}}},\eta=\frac{1}{C}=\frac{W_{\mathrm{c}}}{FT} \tag{3-26}$$

我们通过一例子来进一步掌握缓冲系数的概念。

【例】 画出多层瓦楞纸板压缩时（应力-应变曲线见图 3-22）的缓冲系数曲线。

【解】

OA 段：$W=\dfrac{\varepsilon_0}{2\sigma_{\mathrm{p}}}\sigma^2$，$C=\dfrac{2\sigma_{\mathrm{p}}}{\varepsilon_0\sigma}$，为反比例函数。$W_{\mathrm{A}}=\dfrac{\sigma_{\mathrm{p}}\varepsilon_0}{2}$，$C_{\mathrm{A}}=\dfrac{2}{\varepsilon_0}$；

AB 段：$\sigma=\sigma_{\mathrm{p}}$，为垂直线。$W_{\mathrm{B}}=\sigma_{\mathrm{p}}\varepsilon_{\mathrm{D}}-\dfrac{\sigma_{\mathrm{p}}\varepsilon_0}{2}$，$C_{\mathrm{B}}=\dfrac{1}{\varepsilon_{\mathrm{D}}-\varepsilon_0/2}$；

BC 段：$W=\sigma_{\mathrm{p}}\varepsilon_{\mathrm{D}}-\dfrac{\sigma_{\mathrm{p}}\varepsilon_0}{2}$，$C=\dfrac{\sigma}{\sigma_{\mathrm{p}}\varepsilon_{\mathrm{D}}-\sigma_{\mathrm{p}}\varepsilon_0/2}$，

为线性函数。

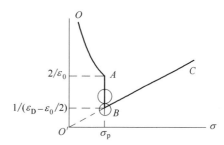

缓冲系数曲线便可画出，见图 3-28。AB 段，应力较小，缓冲系数快速下降。B 点为缓冲系数最小点，理论上是设计最佳点，但偏向安全性考虑，AB 段靠近 B 的点为材料缓冲包装设计最佳点。

图 3-28　多层瓦楞纸板压缩模型的缓冲系数曲线

上述缓冲系数曲线是在理想化的压缩应力-应变曲线下画出。尽管实际的多层瓦楞纸板压缩应力-应变曲线要复杂些，但其缓冲系数曲线特征与图 3-28 相同。

二、缓冲系数的测定

从材料缓冲系数定义可看出，获得材料缓冲系数关键在于材料应力-应变曲线测取。有两种方法常用于材料缓冲系数的测取：准静态压缩法和动态冲击法。

准静态压缩法利用材料试验机进行，材料试验机如图 3-29 所示。按静态压缩试验标准或程序对选用缓冲材料试样施加准静态压缩载荷，记录载荷 $F(t)$、位移 $x(t)$ 数据。利用应力、应变计算公式获取试样的准静态压缩应力-应变数据或曲线。编制计算机程序计算各应力水平下的能量吸收（变形能），再根据缓冲系数的定义，作出试样的缓冲系数曲线。材料试验机、试样、加载等根据实际情况选定。

图 3-29　准静态压缩法用材料试验机

采用这一方法获得的缓冲系数也称为材料静态缓冲系数。

动态冲击法利用落锤冲击试验机进行，试验机如图 3-30 所示。按冲击试验标准或程序对选用缓冲材料试样施加冲击载荷，加速度传感器记录冲击的瞬态加速度 $a(t)$ 以获得瞬态力 $F(t)$ 和瞬态位移 $x(t)$。再应用与准静态压缩法相同的数据处理，便可作出试样的缓

图 3-30 动态冲击法用
落锤冲击试验机

冲系数曲线。落锤冲击试验机、试样、重锤重量、重锤跌落高度等根据实际情况选定。采用这一方法获得的缓冲系数也称为材料动态缓冲系数。

三、常用缓冲材料的缓冲系数曲线

图 3-31 所示为某种废纸纤维发泡样品静态压缩的应力-应变曲线和缓冲系数曲线[39]。该材料的变形可用正切型函数或正切型函数加双曲正切型函数很好地描述。

图 3-32 所示为某种规格 PE/PA/PE 共挤膜充气柱包装材料准静态压缩的应力-应变曲线和缓冲系数曲线[40]。可以看出，充气柱包装材料变形和吸能与纤维类材料特征类同，但机制不同。

图 3-33 所示为发泡聚乙烯缓冲材料准静态压缩与 60cm 高度落锤冲击压缩的应力-应变曲线和缓冲系数曲线的比较，显示了材料动态缓冲系数与静态缓冲系数的差异[41]。

与纤维类和充气柱材料不同，发泡材料缓冲系数曲线有明显最低点。

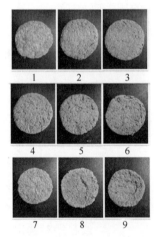

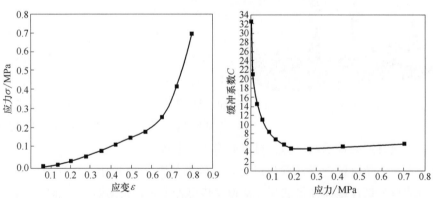

图 3-31　废纸纤维发泡样品静态压缩应力-应变曲线和缓冲系数曲线

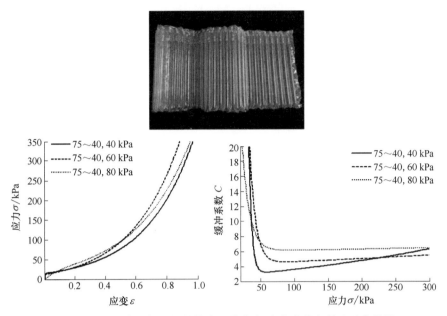

图 3-32　共挤膜充气柱材料静态压缩应力-应变曲线和缓冲系数曲线

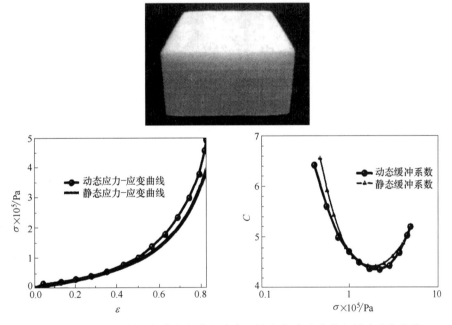

图 3-33　发泡聚乙烯材料静态与落锤冲击压缩应力-应变曲线和缓冲系数曲线

第七节　最大加速度-静应力曲线

一、最大加速度-静应力曲线的概念

前面一节讨论了材料缓冲特性的重要表征量——缓冲系数，常有两种方法，准静态压缩法和动态冲击法来测取材料的缓冲系数。由于材料应力-应变关系一般具有应变率相关性，缓冲材料的静态和动态缓冲性能差异较大。静态缓冲系数是在准静态压缩状态下测取

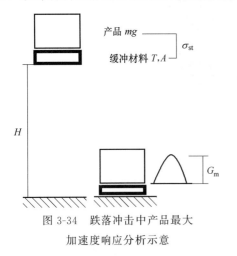

图 3-34　跌落冲击中产品最大
加速度响应分析示意

的，难以反映实际物流中材料经受冲击、振动时的缓冲性能；动态缓冲系数表达的是材料动态缓冲性能，但它是在特定重锤跌落高度、重锤重量、缓冲材料尺寸情况下测取的，是材料在特定落锤冲击压缩状态下的缓冲性能的反映，还不能全面表述材料的动态缓冲性能。

为全面表述材料的动态缓冲性能，这一节讨论材料最大加速度-静应力曲线（$G_m - \sigma_{st}$）。我们先分析一下包装产品的跌落冲击过程，见图 3-34。

我们知道，材料缓冲特性一般用缓冲系数来表征，但也可用跌落冲击中的产品加速度响应来体现，而且后者更直接。按产品脆值的定义，在产品跌落冲击加速度响应中，更关注的是产品最大加速度响应 G_m。所以，跌落冲击中的产品最大加速度响应 G_m 可选作为材料缓冲性能的直接体现指标。其次，分析一下产品最大加速度响应与产品跌落冲击过程中的那些因素有关？在缓冲材料确定的情况下，G_m 与跌落高度 H、产品重量 mg、缓冲材料尺寸面积 A 和厚度 T 有关，但产品重量 mg 和材料面积 A 这两个量不是相互独立的，可用材料单位面积上的产品重量即静应力 $\sigma_{st} = mg/A$ 一个量来表述。保持材料面积 A 不变，仅需改变产品重量 mg，就可让材料承担的静应力发生改变。这样一来，产品最大加速度响应 G_m 仅与跌落高度 H、静应力 σ_{st}（材料面积 A 不变、改变产品重量 mg）、材料厚度 T 这些因素有关了。改变这些因素，产品最大加速度响应 G_m 也随之改变。

产品跌落冲击过程中，产品最大加速度响应 G_m 与静应力 σ_{st}、跌落高度 H、材料厚度 T 之间关系的曲线称为材料最大加速度-静应力曲线（$G_m - \sigma_{st}$ 曲线），或动态缓冲曲线。一般，选用静应力 σ_{st} 为横坐标、最大加速度响应 G_m 为纵坐标来表达，如图 3-35 所示。

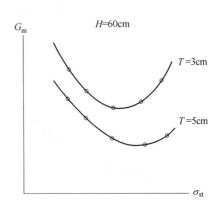

图 3-35　材料最大加速度-静
应力曲线（G_m-σ_{st} 曲线）

二、最大加速度-静应力曲线的测定

材料最大加速度-静应力曲线可利用落锤冲击试验机测定，见图 3-36。

在冲击试验机上按冲击试验标准或程序对选用缓冲材料试样施加冲击载荷，加速度传感器记录落锤上的冲击加速度峰值 G_m，获得最大加速度-静应力曲线上的一个坐标点。实

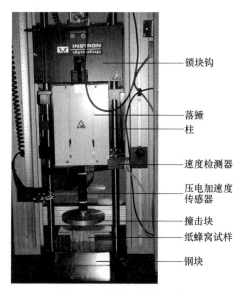

图 3-36　落锤冲击试验机

验中，改变落锤的重量 mg，重复实验，可获得最大加速度-静应力曲线。改变缓冲材料试样厚度 T，可获得不同厚度缓冲材料的最大加速度-静应力曲线族。改变落锤的跌落高度 H，可获得不同高度跌落冲击的最大加速度-静应力曲线族。

三、发泡材料的最大加速度-静应力曲线

图 3-37 所示为发泡聚丙烯的最大加速度-静应力曲线[42]。

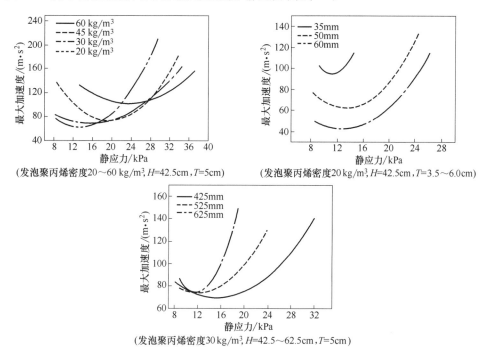

(发泡聚丙烯密度 20～60 kg/m³，H=42.5cm，T=5cm)

(发泡聚丙烯密度 20 kg/m³，H=42.5cm，T=3.5～6.0cm)

(发泡聚丙烯密度 30 kg/m³，H=42.5～62.5cm，T=5cm)

图 3-37　发泡聚丙烯的最大加速度-静应力曲线

　　最大加速度-静应力曲线是各个因素对产品跌落最大加速度影响的完整实验曲线表达，可直接应用于产品缓冲包装设计。但测取这曲线工作量很大。另外，曲线族表达方式在具体应用时也会带来不便。对特定缓冲材料，可以将实验数据点通过数学建模的方法，构建出最大加速度响应 G_m 与静应力 σ_{st}、跌落高度 H、材料厚度 T 之间的数学关系表达或模型，以方便应用。

第四章　缓冲包装设计

第一节　缓冲包装设计要求与步骤

有了前面三章关于产品运输环境、产品脆值、缓冲材料的准备，我们可以讨论产品的缓冲包装设计了。这一节讨论缓冲包装设计要求与步骤。

一、缓冲包装设计要求

1. 设计要求

对产品进行缓冲包装设计，确保产品在物流过程中安全，要达到如下三个重要设计要求：

① 缓冲。减小传递到产品上的冲击和振动。

② 固定与分隔。防止产品在包装容器内移动，防止产品的相互接触、摩擦和碰撞。

③ 局部保护。分散作用在产品上的应力，保护产品薄弱部件、凸起部分及产品表面。

上述三个重要设计要求实际上是要求对缓冲材料进行科学、合理的结构和尺寸设计，所以，缓冲包装设计要解决的核心问题是：

① 选择缓冲材料。

② 缓冲垫的结构设计。

③ 缓冲垫的尺寸设计。

2. 缓冲包装设计要考虑的因素

① 产品物流中的环境条件（运输区间、运输方式、装卸情况、跌落高度、冲击方向、振动强度和频率、气候条件、贮存条件等）。

② 产品特性参数（脆值、结构、形状、大小、重量、重心、数量、材质等）。

③ 缓冲包装材料的特性（应力-应变曲线、能量吸收图、缓冲系数、最大加速度-静应力曲线等物理化学性能、加工工艺性、环保性、经济性等）。

④ 外包装容器（结构、形状、材质、强度等）。

⑤ 封缄材料的特性。

⑥ 包装的工艺性。

⑦ 其他包装技术的联合应用（防水、防潮、放锈、防尘等）。

3. 缓冲包装设计需要的基本数据

① 物流环境数据　跌落高度，跌落次数；冲击强度，冲击次数；振动强度，共振频率等。

② 产品特性数据　脆值、重量、重心、尺寸等。

③ 缓冲材料特性参数　缓冲系数、最大加速度-静应力曲线、吸能耗能、传递率、弹性、阻尼等。

二、缓冲包装设计步骤

经大量的设计实践、归纳和总结，对产品缓冲包装设计已给出了通用的设计流程或步骤加以遵循，这个流程通常称为六步法。六步法包括以下设计步骤：

① 确定产品物流全过程的环境条件。

② 确定产品脆值。

③ 重新或改进设计产品。如发现产品脆值过低，应考虑重新或改进设计产品薄弱部件的结构、材料、工艺和连接等，提高产品脆值。

④ 选择缓冲材料，进行缓冲包装设计和优化。

⑤ 制作产品包装原型或样件。

⑥ 试验评价产品包装原型或样件。重复上述步骤，完成产品缓冲包装设计。

注意上述流程中的第三步，重新或改进设计产品薄弱部件，这一步很重要，体现了产品与包装一体化的先进设计思想。产品设计时要考虑产品的包装问题，包装设计时可改进产品特性，最好是设计产品的同时，完成产品的包装设计，一旦在包装设计发现产品问题时，就可以马上修改产品设计。

第二节　缓冲包装结构设计

一、缓冲包装的形式

先讨论缓冲包装缓冲垫的结构形式。因产品脆值、形状、结构、大小、重量不同，可采用全面缓冲包装、局部缓冲包装和悬挂式缓冲包装三种缓冲垫的结构形式。

全面缓冲包装就是用缓冲材料（缓冲垫）把产品全面包裹。目前常用的缓冲材料有现场发泡聚氨酯、预成型发泡塑料、气垫和气柱塑料薄膜等。这种结构形式很适合于小型贵重物品和不规则部件，如图 4-1 所示。譬如，小型电机产品可采用现场发泡聚氨酯把电机全部包裹起来。

全面缓冲包装提供了对产品全面的缓冲防护，减少了缓冲材料的厚度，缩小了包装件尺寸，降低了物流空间和物流成本，但是，缓冲材料用量大，包装成本比较大。

局部缓冲包装就是在产品的某些局部，如角、棱、侧面或易损件部位，进行缓冲包装。常见的局部缓冲包装如图 4-2 所示，有角垫、底垫、底托、底垫加顶垫、边垫、边帽等许多结构形式。

目前常用的局部缓冲包装材料有发泡塑料、纸浆模、纸板结构、气垫和气柱塑料薄膜等。局部缓冲包装形式很多，应用最广，一般预制成型，厚度可变，省材料和成本，适合于大批量、各种形状产品的包装。

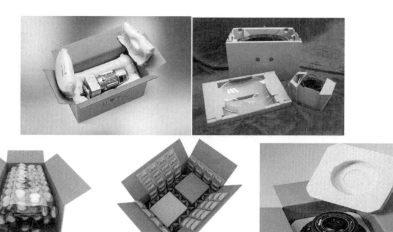

图 4-1　全面缓冲包装示例

图 4-2　局部缓冲包装示例

悬挂式缓冲包装就是采用弹簧类或塑料薄膜材料，将产品悬挂于外包装箱的内壁上，如图 4-3 所示。

悬挂式缓冲包装适用于精密、脆弱和贵重产品的缓冲包装，或产品空投包装。但外包装结构要求比较坚固，譬如木箱或者高强度的瓦楞纸板箱、蜂窝纸板箱等，包装成本也高。

二、固定与分隔

接下来，讨论缓冲包装结构设计一个很重

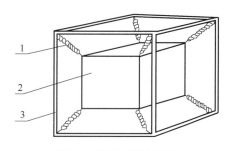

图 4-3　悬挂式缓冲包装
1—弹簧　2—内装物　3—包装容器

要的问题：固定与分隔。产品的主件和附件往往包装在一起，多个产品也往往包装在一起，这就需要通过结构设计对它们进行适当的固定与分隔，防止它们的相互接触、摩擦、挤压和碰撞，如图 4-4 所示。

图 4-4　固定与分隔

下面以激光头的包装结构设计为例加以说明，产品如图 4-5 所示。

激光头产品很不规则，里面有高精密的光学元件，绝不能受摩擦、挤压，需要重点保护。考虑用厚塑料片吸塑成型的方式制造单层带 5×5 个腔体的塑料垫，单层放置 25 个激光头，10 层叠置，共放置 250 个激光头，装入一个包装箱。单层塑料垫的固定与分隔见图 4-6。

设计在计算机上完成。首先将激光头实体、塑料垫进行 CAD 建模，完成塑料垫腔体与产品之间的配合，包括尺寸配合和产品在腔体内凸起部分的卡位。为防止激光头中心部分的精密光学元件受到上下层塑料垫挤压，上下层塑料垫腔体错开设置，塑料垫边缘设计有凸起支撑。这就是一个典型的产品在包装内固定、分割、定位的例子。

图 4-5　激光头产品

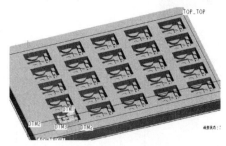

图 4-6　激光头产品的固定与分隔

三、多个缓冲结构组合

许多产品由多个部件组装在一起形成产品整体，但各部件都需要合适的缓冲保护，这就涉及到了多个缓冲结构的组合问题。

我们通过顶装式洗衣机包装结构设计的例子来说明。顶装式洗衣机如图 4-7 所示。顶装式洗衣机是由洗衣筒体和箱体组成，洗衣筒体通过四根吊杆吊装在箱体的四个角上，箱体是一个承载体。电机和离合器安装在洗衣筒体的底部，控制元件安装在箱体的盖板上。也就是说，顶装式洗衣机由洗衣筒体和箱体二部分通过吊杆连接而成。

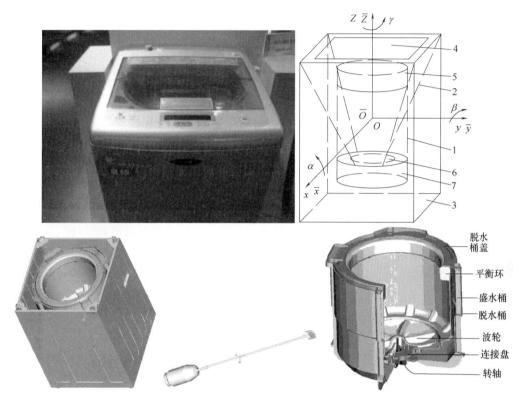

图 4-7　顶装式洗衣机及其组成

这是典型的两部件连接产品，两部件都需要缓冲保护，其缓冲包装考虑如下：采用发泡塑料为缓冲材料。由于箱体盖板上安装有较脆弱的控制元件，箱体缓冲采用上下缓冲垫的结构形式包装。洗衣筒体通过四根吊杆吊装在箱体上，运输过程中，筒体会上下跳动，冲击有控制元件的箱体盖板，所以，洗衣筒体也需采用上下缓冲垫的形式包装，用上缓冲垫缓冲、分隔箱体和筒体，用下缓冲垫缓冲、固定筒体。固定住箱体和筒体的两个下缓冲垫可以合为一个下缓冲垫，一方面支撑和缓冲箱体，另一方面支撑和缓冲筒体。基于上述分析，顶装式洗衣机的缓冲垫结构设计如图 4-8 所示，图中给出了初步设计的箱体上缓冲垫、箱体和筒体分隔缓冲垫、箱体和筒体底部缓冲垫。箱体上缓冲垫采用长方形镂空结构，镂空是为了节省材料；箱体和筒体分隔缓冲垫采用圆环结构，把筒体与箱体隔开避免

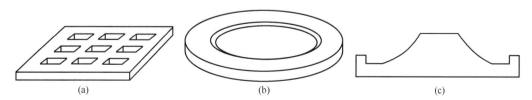

图 4-8　顶装式洗衣机的缓冲垫结构设计

（a）箱体上缓冲垫　（b）箱体和筒体分隔缓冲垫　（c）箱体和筒体底部缓冲垫

相互碰撞；箱体和筒体底部缓冲垫通过四个角支撑箱体，通过中间凸起部分支撑筒体。

但洗衣机的箱体和筒体比较重，大概都是 25kg 左右，所以，在底部缓冲垫的四个角支撑位置和中间凸起位置承担了很大的物流冲击作用，冲击力非常集中。为此，设计时在发泡塑料垫的四个角支撑位置和中间凸起位置嵌入了塑料硬片，传递和分散冲击力至整个底部缓冲垫，如图 4-9 底部缓冲垫内粗线部分所示。

图 4-9　底部缓冲垫细化结构设计

由于洗衣机较重，为方便完成包装，外包装纸箱采用套装方式。底部缓冲垫下面先粘贴好瓦楞纸板，如图 4-9 中底部粗线部分。洗衣机放上底部缓冲垫，放置箱体和筒体分隔缓冲垫，放置箱体上缓冲垫，再套一个塑料袋放入附件和说明书等资料，最后外包装瓦楞纸箱由上往下套装洗衣机，并完成打包。

对由多个部件组装在一起形成的复杂产品，缓冲包装结构设计需重点考虑如下两点：

（1）具体产品的结构　各部件是如何组成产品整体的？是否有较薄弱部件？各部件和薄弱部件是否需要缓冲？

（2）缓冲结构的组合　各缓冲垫如何组合？如何优化形成一个整体的缓冲保护系统？

一般而言，对不同的产品结构和特性，应有不同的缓冲包装结构设计，这是包装设计人员创新和价值的最好体现！

第三节　缓冲垫设计——缓冲系数设计法

完成了缓冲包装结构设计后，接下来就是具体的缓冲垫设计了。

一、缓冲垫设计

缓冲垫设计要处理三个方面问题：一是缓冲垫选材。按照对缓冲材料物理化学性能、加工工艺性、环保和经济性等方面的要求，结合实际情况，选择缓冲垫材料。选材时要注意以下基本原则：重量、脆值大的产品选弹性较小、比较硬的缓冲材料，如木质材料；重量、脆值小的产品选缓冲性能比较好、比较软的缓冲材料。二是缓冲垫选型，即决定缓冲垫的形式，是用角垫、底垫、底垫加顶垫，还是用边垫、边帽的形式？是用一个缓冲垫，还是分散用几个缓冲垫？这需要根据实际产品而定，实际上属于结构设计的内容。三是要设计缓冲垫的具体尺寸。

缓冲垫尺寸设计需用到以下基本数据：一是代表产品特性的脆值、重量、形状尺寸参数，产品脆值主要通过实验获得，也可通过相关资料、理论或经验估算、类比等确定。二是代表物流环境冲击条件的等效跌落高度。物流环境中，跌落对产品的冲击和危害最大，所以，将等效跌落高度作为缓冲设计的基本数据。实际情况可能是跌落，也可能不是跌落，我们把这个冲击信号等效成某一个高度跌落下来的冲击信号。等效跌落高度主要通过物流环境冲击数据采集获得，也可通过相关标准、资料、经验等确定。三是代表材料性能的缓冲特性参数，如缓冲系数、最大加速度-静应力曲线、能量吸收图等，这些可通过实验获得。

二、缓冲系数设计法

缓冲垫尺寸设计通常有两种方法：第一种方法是根据材料缓冲系数进行设计；第二种方法是根据材料最大加速度-静应力曲线进行设计。本节讨论缓冲系数设计法。

考虑重量为 mg 的包装产品从高度 H 跌落，产品的许用脆值为 $[G]$，缓冲系数曲线为 $C\sim\sigma$，缓冲垫面积为 A、厚度为 T，按产品破损临界状态进行设计。

临界状态时，缓冲垫应力为

$$\sigma = \frac{F}{A} = \frac{mg[G]}{A} \tag{4-1}$$

即可得到缓冲垫面积 A 的计算式

$$A = \frac{mg[G]}{\sigma} \tag{4-2}$$

再考虑跌落过程能量守恒，有

$$mgH = AT\int_0^\varepsilon \sigma \mathrm{d}\varepsilon \tag{4-3}$$

缓冲垫面积 A 的计算式（4-2）代入上式，结合缓冲系数定义，便可得到缓冲垫厚度 T 的计算式为

$$T = \frac{\sigma}{\int_0^\varepsilon \sigma \mathrm{d}\varepsilon} \frac{H}{[G]} = C\frac{H}{[G]} \tag{4-4}$$

至此，我们得到了缓冲垫尺寸即面积 A 和厚度 T 的设计式（4-2）和式（4-4），设计式与材料缓冲系数曲线 $C\sim\sigma$ 密切相关。

如图 4-10 所示，对缓冲垫设计再作进一步讨论：

（1）设计式适用于缓冲系数曲线 $C\sim\sigma$ 上的任意一个设计点 B。用任一设计点 B 的坐标，即应力和缓冲系数代入，即可设计缓冲垫尺寸。

（2）最小厚度设计。若取缓冲系数曲线 $C\sim\sigma$ 上的最低点 A 进行设计，则设计式成为

$$A = \frac{mg[G]}{\sigma_{\mathrm{m}}} \tag{4-5}$$

$$T_{\min} = C_{\min}\frac{H}{[G]} \tag{4-6}$$

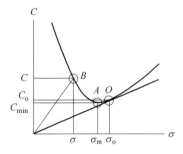

图 4-10 缓冲系数设计法

很显然，由于此时缓冲系数为最小，缓冲垫厚度 T 最小，但缓冲垫面积 A 并不是最小。

（3）最省材料设计。考虑材料体积 V，有

$$V = AT = mgH\frac{C}{\sigma} \tag{4-7}$$

C/σ 为缓冲系数曲线上任一点至坐标原点直线的斜率，所以，过坐标原点作缓冲系数曲线的切线，所得的切点 O 为最省材料设计点，相应最省材料缓冲垫尺寸为

$$A = \frac{mg[G]}{\sigma_{\circ}} \qquad (4\text{-}8)$$

$$T = C_{\circ}\frac{H}{[G]} \qquad (4\text{-}9)$$

$$V_{\min} = mgH\frac{C_{\circ}}{\sigma_{\circ}} \qquad (4\text{-}10)$$

下面看一个缓冲垫尺寸设计例子。

【例】 一重力为 100N 的产品，许用脆值为 80（g）。要保证从 80cm 的高度处跌落而不破损，规定用某发泡塑料作缓冲垫（该发泡塑料在 $\sigma_m = 3.6 \times 10^5$ Pa 时有最小缓冲系数 $C_{\min} = 2.6$，且相应的应变 $\varepsilon = 0.65$），试计算缓冲垫所需尺寸，并求缓冲垫的最大变形量、单位体积最大变形能和最大缓冲力。

【解】

先计算缓冲垫面积 A 和厚度 T。

$$A = \frac{mg[G]}{\sigma_m} = \frac{100 \times 80}{3.6 \times 10^5} \approx 2.22 \times 10^{-2}\,(\mathrm{m}^2) = 222\,(\mathrm{cm}^2)$$

$$T = C\frac{H}{[G]} = 2.6 \times \frac{80}{80} = 2.6\,(\mathrm{cm})$$

再计算缓冲垫的最大变形量、单位体积最大变形能和最大缓冲力。

$$\Delta T = \varepsilon T = 0.65 \times 2.6 = 1.69\,(\mathrm{cm})$$

$$mgH = AT\int_0^\varepsilon \sigma\,\mathrm{d}\varepsilon = ATW$$

$$W = \frac{mgH}{AT} = \frac{100 \times 80}{222 \times 2.6} \approx 13.8\,(\mathrm{N/cm}^2) = 1.38 \times 10^5\,(\mathrm{J/m}^3)$$

$$F = mg[G] = 100 \times 80 = 8000\,(\mathrm{N})$$

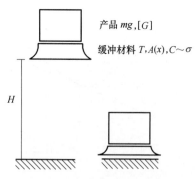

产品 $mg, [G]$

缓冲材料 $T, A(x), C \sim \sigma$

H

图 4-11　复杂缓冲垫结构设计示意

注意，缓冲垫设计式（4-2）和式（4-4）是在缓冲垫处于均匀冲击压缩应力状态下推导出的，若缓冲垫结构复杂，如变截面缓冲垫，压缩应力沿缓冲垫厚度方向是变化的，上述设计式就不适用了。

若采用变截面缓冲垫，如图 4-11 所示，应如何设计缓冲垫呢？这看似是一个简单的问题，可实际一点也不简单，涉及变截面材料的弹塑性冲击动力学。如果缓冲垫是更复杂的缓冲结构，如纸浆模结构缓冲垫，又应如何设计缓冲垫呢？有兴趣的读者可查阅相关资料，深入思考一下！

第四节　缓冲垫设计——最大加速度-静应力曲线设计法

这一节讨论缓冲垫设计的第二种方法，即最大加速度-静应力曲线设计法。

产品跌落冲击过程中，产品最大加速度响应 G_m 与静应力 σ_{st}、跌落高度 H、缓冲材料厚度 T 之间关系的曲线称为最大加速度-静应力曲线（G_m-σ_{st} 曲线）。

最大加速度-静应力曲线是一曲线族，是各个因素对产品最大加速度影响的完整实验曲线表达，可直接应用于缓冲垫尺寸设计。考虑产品破损临界状态，在该曲线上作出最大加速度 G_m 等于产品许用脆值 $[G]$ 的水平线，与曲线的交点就是缓冲垫的临界设计点，见图 4-12。

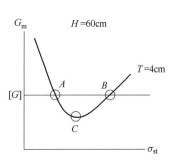

$G_m = [G]$ 水平线以下曲线上的所有点，最大速度响应均低于产品许用脆值 $[G]$，符合设计要求，均可选为设计点。交点 A 和 B 代表产品破损临界状态，是缓冲垫的临界设计点，但 B 点对应的静应力大，A 点对应的静应力小，所以，B 点对应的缓冲垫面积小，为该厚度缓冲垫的最省材料设计。曲线上的最低点 C 点对应的缓冲垫面积介于 B 点和 A 点之间，但最大加速度响应最小，为该厚度缓冲垫的最安全设计。

图 4-12　最大加速度-静应力曲线设计法

【例】　一产品重力为 600N，底面尺寸为 40cm×40cm。等效跌落高度为 60cm，产品许用脆值为 80（g）。图 4-13 为选用缓冲材料的最大加速度-静应力曲线，在厚度为 4、5、6cm 中选择作产品缓冲包装设计，试计算给出最省材料的缓冲包装设计，并给出其衬垫配置方案。

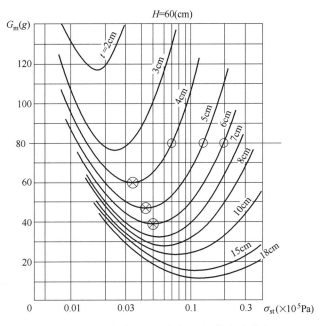

图 4-13　缓冲材料的最大加速度-静应力曲线

【解】

在图 4-13 上作出最大加速度 $G_m = 80$（g）的水平线，与厚度为 4、5、6cm 曲线的右边交点为各厚度缓冲垫的最省材料设计，如图中水平线上圈点，坐标分别为 0.07、0.12、

$0.2×10^5$Pa。最省材料设计的缓冲垫面积分别为 857、500、300cm²，均未超过产品底面尺寸 40cm×40cm，对应缓冲垫的体积分别为 3428、2500、1800cm³。所以，最省材料缓冲垫的面积为 300cm²，厚度为 6cm。在产品的四个角点配置 4 个缓冲垫，各垫尺寸为 8.66cm×8.66cm×6cm。

另外，图中最大加速度-静应力曲线最低点上圈点，分别为各厚度缓冲垫的最安全设计，坐标分别为 $0.033×10^5$、$0.041×10^5$、$0.05×10^5$Pa。最安全设计的缓冲垫面积分别为 1818、1463、1200cm²，其中 1818cm² 已超过产品底面尺寸，对应缓冲垫的体积分别为 7272、7317、7200cm³。所以，最安全设计缓冲垫的面积为 1200cm²，厚度为 6cm，是最省材料缓冲垫用料的 4 倍。此时，产品最大加速度响应为 40（g）左右，约为产品许用脆值 80（g）的一半。很明显，该设计过度包装了。

第五节 防振包装设计

产品完成缓冲设计后，一般应进行包装件的防振校核，以确认包装的产品能经受住物流中随机振动的作用。

物流中随机振动对产品会造成破损，如：共振导致产品脆弱元件破损；长时间运输使产品产生振动疲劳；包装件间长时间动压作用使包装容器振动坍塌；振动导致产品与缓冲介质间的摩擦，使产品表面产生摩痕、擦伤、剥落；振动还会导致产品部件连接失灵等。

一、包装产品的随机振动响应

首先分析包装件的随机振动，如图 4-14 所示，包装件简化为单自由度线性振动系统模型，m 为产品质量，k 和 c 为缓冲包装等效而成的弹簧系数和阻尼。

系统受到外界位移平稳随机激励 $u(t)$，产品响应为 $x(t)$，振动方程为：

$$m\ddot{x}(t)+c\dot{x}(t)+kx(t)=c\dot{u}(t)+ku(t) \quad (4\text{-}11)$$

或

$$\ddot{x}(t)+2\xi\omega_n\dot{x}(t)+\omega_n^2 x(t)=2\xi\omega_n\dot{u}(t)+\omega_n^2 u(t) \quad (4\text{-}12)$$

其中

$$\omega_n=\sqrt{k/m}=2\pi f_n \quad (4\text{-}13)$$

$$\xi=c/2m\omega_n=c/2\sqrt{mk} \quad (4\text{-}14)$$

该系统频响函数为：

$$H(\omega)=\frac{1+i2\xi\omega/\omega_n}{1-(\omega/\omega_n)^2+i2\xi\omega/\omega_n} \quad (4\text{-}15)$$

频响函数的模为：

$$|H(\omega)|=\sqrt{\frac{1+(2\xi\omega/\omega_n)^2}{[1-(\omega/\omega_n)^2]^2+(2\xi\omega/\omega_n)^2}} \quad (4\text{-}16)$$

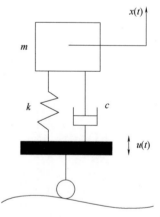

图 4-14 包装件随机振动模型

幅频特性如图 4-15 所示，可以看出，系统频响函数与固有频率 ω_n 和阻尼 ξ 有关。

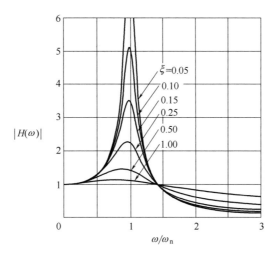

图 4-15　幅频特性曲线

产品对外界随机激励的位移和加速度响应功率谱为

$$S_x(\omega) = |H(\omega)|^2 S_u(\omega) \tag{4-17}$$

$$S_{\ddot{x}}(\omega) = |H(\omega)|^2 S_{\ddot{u}}(\omega) \tag{4-18}$$

产品响应加速度的均值和均方根值（root-mean-square，rms）为：

$$\mu_{\ddot{x}} = H(0)\mu_{\ddot{u}} = \mu_{\ddot{u}} \tag{4-19}$$

$$\ddot{x}_{\text{rms}} = \sqrt{E[\ddot{x}^2(t)]} = \sqrt{\frac{1}{2\pi}\int_{-\infty}^{+\infty} S_{\ddot{x}}(\omega)\,\mathrm{d}\omega}$$

$$= \sqrt{\frac{1}{2\pi}\int_{-\infty}^{+\infty} |H(\omega)|^2 S_{\ddot{u}}(\omega)\,\mathrm{d}\omega} \tag{4-20}$$

均值和均方根值是高斯过程产品加速度响应强度的两个重要指标。

若物流中外界对包装件的随机加速度激励为高斯白噪声，其功率谱函数为

$$S_{\ddot{u}}(\omega) = S_0 \tag{4-21}$$

则产品加速度响应的功率谱和均方根值为：

$$S_{\ddot{x}}(\omega) = |H(\omega)|^2 S_0 \tag{4-22}$$

$$\ddot{x}_{\text{rms}} = \sqrt{\frac{S_0}{2\pi}\int_{-\infty}^{+\infty} |H(\omega)|^2\,\mathrm{d}\omega} = \sqrt{\frac{S_0\omega_n}{4\xi}(1+4\xi^2)} \tag{4-23}$$

尽管作用于包装件的随机激励信号为宽带，但信号通过一线性振动系统后，产品响应为窄带信号，见图 4-16。线性振动系统是一信号过滤器和放大器，过滤了远离共振频率的信号，放大了共振区域的信号，过滤和放大的程度与系统阻尼有关，阻尼越小，过滤和放大程度越严重。所以，一般而言，包装的产品所受的物流随机振动都属于窄带信号。

包装件能否经受住实际振动环境的考验，一般通过对包装件的实验室模拟或加速振动试验来加以评估。这需要通过物流振动调研，确定出实际物流振动的功率谱，从而在实验室模拟和产生出等效振动信号。这样一种通过振动实验整体评估和校核包装件的方法，我

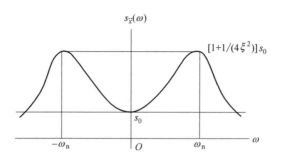

图 4-16　高斯白噪声激励下包装产品的响应

们将在后面介绍。这里，从包装件防振设计的角度考虑振动导致包装件破损的设计应对问题。物流随机振动激励下会导致产品两方面的破损问题：一是产品加速度响应过大，超过产品许用脆值（也可以是产品部件相对位移过大超过阈值）；二是长时间振动作用使产品产生振动疲劳破损。

二、产品加速度响应首次超过许用脆值问题

产品加速度首次超过产品许用脆值是指产品加速度信号首次穿越 $|\ddot{x}(t)| = [G]$（g）

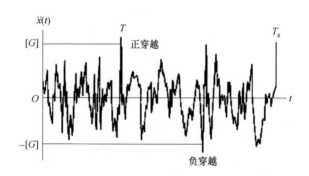

图 4-17　加速度信号首次穿越的示意

的现象，有"正穿越"和"负穿越"两种情况。图 4-17 所示为加速度信号首次穿越的图示。

防振包装设计的任务之一是要确保产品在经历物流振动总时间 T_s 内发生首次穿越破损的概率小到可以接受的水平。

首次穿越产品许用脆值 $[G]$（"正穿越"和"负穿越"）而破损可认为是一个泊松过程，发生首次穿越破损的概率即破损概率为

$$p_f = 1 - \exp\left[-\int_0^{T_s} \nu_{[G]}(t)\,\mathrm{d}t\right] = 1 - \exp\left[-2\int_0^{T_s} \nu_{[G]}^+(t)\,\mathrm{d}t\right] \tag{4-24}$$

式中，$\nu_{[G]}$ 为单位时间穿越 $[G]$ 的次数，即穿越频率。$\nu_{[G]}^+$ 为正穿越频率。

若产品加速度信号 $\ddot{x}(t)$ 是一个稳态高斯过程（均值为 $\mu_{\ddot{x}}$，方差为 $\sigma_{\ddot{x}}$），穿越频率为常数，则

$$p_{\mathrm{f}} = 1 - \exp\left[-2\nu_{[G]}^{+} T_{\mathrm{s}}\right] \tag{4-25}$$

$$\nu_{[G]}^{+} = \nu_0^{+} \exp\left[-\frac{1}{2}\left(\frac{[G]-\mu_{\ddot{x}}}{\sigma_{\ddot{x}}}\right)^2\right] \tag{4-26}$$

$$\nu_0^{+} = \frac{1}{2\pi}\frac{\sigma_{\dddot{x}}}{\sigma_{\ddot{x}}} \tag{4-27}$$

式中，ν_0^{+} 为正向零穿越频率，$\sigma_{\dddot{x}}$ 为产品加速度导数信号的方差。

当首次穿越破损概率很小时，即 $\nu_{[G]}^{+} T_{\mathrm{s}}$ 很小，并考虑产品加速度信号为零均值信号，有

$$p_{\mathrm{f}} \approx 2\nu_{[G]}^{+} T_{\mathrm{s}} = 2\nu_0^{+} T_{\mathrm{s}} \exp\left[-\frac{[G]^2}{2\ddot{x}_{\mathrm{rms}}^2}\right] \tag{4-28}$$

$$\nu_0^{+} = \frac{1}{2\pi}\frac{\dddot{x}_{\mathrm{rms}}}{\ddot{x}_{\mathrm{rms}}} = \frac{1}{2\pi}\sqrt{\frac{\int_{-\infty}^{+\infty}\omega^2 S_{\ddot{x}}(\omega)\mathrm{d}\omega}{\int_{-\infty}^{+\infty}S_{\ddot{x}}(\omega)\mathrm{d}\omega}} = \sqrt{\frac{\int_0^{+\infty}f^2 W_{\ddot{x}}(f)\mathrm{d}f}{\int_0^{+\infty}W_{\ddot{x}}(f)\mathrm{d}f}} \tag{4-29}$$

式中，$W_{\ddot{x}}(f)$ 为单边功率谱。

一般，包装的产品经历的加速度振动属于窄带信号，设其中心频率为 f_{n}（包装件固有频率），则

$$\nu_0^{+} \approx f_{\mathrm{n}} \tag{4-30}$$

$$p_{\mathrm{f}} \approx 2 f_{\mathrm{n}} T_{\mathrm{s}} \exp\left[-\frac{[G]^2}{2\ddot{x}_{\mathrm{rms}}^2}\right] \tag{4-31}$$

从以上公式可以看出，若产品加速度信号 $\ddot{x}(t)$ 是一个稳态零均值高斯过程，产品加速度首次穿越破损概率 p_{f} 与包装件固有频率 f_{n}、许用产品脆值 $[G]$、物流振动总时间 T_{s}、产品加速度均方根值 $\ddot{x}_{\mathrm{rms}}$ 或功率谱 $S_{\ddot{x}}(\omega)$ 有关。按照式（4-18），产品加速度功率谱 $S_{\ddot{x}}(\omega)$ 与包装件激励加速度功率谱 $S_{\ddot{u}}(\omega)$ 和频响函数 $H(\omega)$ 有关，并主要取决于包装件共振区域的激励加速度功率谱值和频响函数值。

防振包装设计和校核要求

$$p_{\mathrm{f}} \approx 2 f_{\mathrm{n}} T_{\mathrm{s}} \exp\left[-\frac{[G]^2}{2\ddot{x}_{\mathrm{rms}}^2}\right] \leqslant [p_{\mathrm{f}}] \tag{4-32}$$

式中，$[p_{\mathrm{f}}]$ 为许用首次穿越破损概率，或为可以接受的首次穿越破损概率。

从包装件防振包装设计角度看：在产品许用产品脆值 $[G]$、包装件物流振动总时间 T_{s}、包装件激励加速度功率谱 $S_{\ddot{u}}(\omega)$ 给定情况下，设计和控制产品加速度首次穿越破损概率 p_{f} 就成为设计和控制包装件频响函数 $H(\omega)$，即设计和控制包装件的固有频率 f_{n} 和阻尼 ξ。

从包装件防振包装校核角度看：在产品缓冲包装设计完成后，通过给定的产品许用产品脆值 $[G]$、包装件物流振动总时间 T_{s}、包装件激励加速度功率谱 $S_{\ddot{u}}(\omega)$、包装件频响函数 $H(\omega)$，计算和校核产品加速度首次穿越破损概率 p_{f} 是否在可以接受的水平内。

若否，则需重新设计缓冲包装，直至满足为止。

【例】 某电子产品包装件质量为 $m=4\mathrm{kg}$，产品许用产品脆值 $[G]=10$ (g)，缓冲设计的缓冲垫等效线性刚度 $k=10\mathrm{kN/m}$，阻尼系数 $\xi=0.1$。运输过程中包装件受单边高斯白噪声振动激励，单边加速度功率谱 $W_{\ddot{u}}(f)=0.035g^2$。试校核此包装件在上述物流振动环境下运输时间 $T_s=6$、12、$24\mathrm{h}$ 发生首次穿越破损的概率。

【解】

先求出包装件频响函数。

$$\omega_n=\sqrt{k/m}=\sqrt{10000/4}=50,\quad f_n=\omega_n/2\pi=25/\pi$$

$$H(\omega)=\frac{1+i2\xi\omega/\omega_n}{1-(\omega/\omega_n)^2+i2\xi\omega/\omega_n}=\frac{1+\dfrac{1}{250}i\omega}{1-\dfrac{1}{250}\omega^2+\dfrac{1}{250}i\omega}$$

$$|H(\omega)|^2=\frac{1+(2\xi\omega/\omega_n)^2}{[1-(\omega/\omega_n)^2]^2+(2\xi\omega/\omega_n)^2}=\frac{1+\dfrac{1}{250^2}\omega^2}{\left[1-\dfrac{1}{250}\omega^2\right]^2+\dfrac{1}{250^2}\omega^2}$$

再求出产品加速度响应单边功率谱和均方值。

$$W_{\ddot{x}}(f)=|H(2\pi f)|^2 W_{\ddot{u}}(f)=\frac{0.035g^2\times\left(1+\dfrac{\pi^2}{125^2}f^2\right)}{\left[1-\dfrac{2\pi^2}{125}f^2\right]^2+\dfrac{\pi^2}{125^2}f^2},\quad f\geqslant 0$$

$$\ddot{x}_{rms}^2=\frac{1}{2\pi}\int_{-\infty}^{+\infty}|H(\omega)|^2 S_{\ddot{u}}(\omega)\mathrm{d}\omega=\int_0^{+\infty}W_{\ddot{x}}(f)\mathrm{d}f$$

$$=0.035g^2\times\int_0^{+\infty}\frac{1+\dfrac{\pi^2}{125^2}f^2}{\left[1-\dfrac{2\pi^2}{125}f^2\right]^2+\dfrac{\pi^2}{125^2}f^2}\mathrm{d}f\approx 2.20g^2$$

最后，校核发生首次穿越破损的概率。

$$p_f\approx 2f_n T_s\exp\left[-\frac{[G]^2}{2\ddot{x}_{rms}^2}\right]=\frac{50}{\pi}T_s\exp\left[-\frac{10^2}{2\times 2.20}\right]=\frac{50}{\pi}T_s\mathrm{e}^{-22.73}$$

此包装件在上述物流振动环境下运输 6、12、24h 发生首次穿越破损的概率分别为 0.46×10^{-4}、0.92×10^{-4}、1.85×10^{-4}。

在上述例子中，我们通过计算求出了包装件的固有频率 ω_n（或 f_n）和频响函数 $H(\omega)$。一般来说，对复杂的包装件，常用扫频振动实验的方法得到包装件的固有频率、阻尼和频响函数。

三、产品振动疲劳破损问题

长时间物流随机振动会使产品、部件和包装容器产生振动疲劳破损。产品振动疲劳是由于其某一薄弱点处材料疲劳所致，所以，与一般材料循环疲劳损伤机制相同。

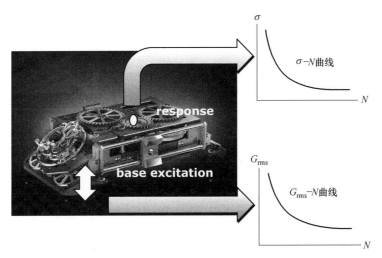

图 4-18　G_{rms}-N 曲线与 σ-N 曲线的关系示意

如图 4-18 所示，产品受随机加速度 $\ddot{x}(t)$ 激励。在线性系统假设下，产品内任一确定薄弱点处的 von Mises 等效应力的均方根 $\sigma_{eq,rms}$ 与基础加速度激励的均方根 $\ddot{x}_{rms}$（常写成 $\ddot{x}_{rms}=G_{rms}g$）成正比[17-18,43]，即

$$\sigma_{eq,rms}=aG_{rms} \tag{4-33}$$

若薄弱点处材料符合 Basquin 型（幂函数型）疲劳寿命曲线（σ-N 曲线），即

$$(\sigma_{eq,rms})^b N^{(\sigma_{eq})}=C_0 \tag{4-34}$$

式中，$N^{(\sigma_{eq})}$ 为等效应力的循环次数，b 和 C_0 为材料常数。则从产品角度看，产品也会有如下 Basquin 型的加速度振动疲劳寿命曲线（G_{rms}-N 曲线）[17-18,43-44]。

$$(G_{rms})^b N^{(\ddot{x})}=C \tag{4-35}$$

式中，$N^{(\ddot{x})}$ 为产品随机激励加速度的循环次数，b 和 C_0 为常数。类似于材料的 σ-N 曲线，产品的 G_{rms}-N 曲线可通过在不同加速度均方根水平激励下的随机振动疲劳实验获得[19-20]。

基于上述产品的 G_{rms}-N 曲线，我们就可评估产品的振动疲劳损伤了。

设包装的产品仅经历了一个加速度均方根 G_{rms} 水平的平稳窄带加速度振动信号，在时间历程 $\overline{T}$ 内总体循环数 $n^{(\ddot{x})}$ 为

$$n^{(\ddot{x})}=v_0^+\overline{T}\approx f_n\overline{T} \tag{4-36}$$

式中，f_n 为包装件的固有频率。产品的振动疲劳损伤 D 为

$$D=\frac{n^{(\ddot{x})}}{N^{(\ddot{x})}}=\frac{f_n\overline{T}}{C/(G_{rms})^b} \tag{4-37}$$

振动疲劳破损时，$D=1$，有

$$\overline{T}=\frac{C}{f_n(G_{rms})^b} \tag{4-38}$$

若包装的产品经历了若干个加速度均方根 $G_{rms,(i)}$ 水平的平稳窄带加速度振动信号，在各个时间历程 $\overline{T}_i$ 内总体循环数 $n_i^{(\ddot{x})}$ 为：

$$n_i^{(\ddot{x})} = v_0^+ \overline{T}_i \approx f_n \overline{T}_i \qquad (4\text{-}39)$$

根据 Miner 线性累积损伤理论，产品的累积振动疲劳损伤为：

$$D = \sum_i \frac{f_n \overline{T}_i}{C/(G_{rms,(i)})^b} \qquad (4\text{-}40)$$

振动疲劳破损时，$D=1$，有

$$\sum_i \overline{T}_i (G_{rms,(i)})^b = \frac{C}{f_n} \qquad (4\text{-}41)$$

$$\overline{T} = \sum_i \overline{T}_i \qquad (4\text{-}42)$$

从式（4-41）和式（4-42）可以看出，产品振动疲劳的时间 $\overline{T}$ 与产品本身的加速度振动疲劳寿命曲线（G_{rms}-N 曲线）有关，还与包装件的固有频率 f_n 有关。

从产品抗振动疲劳设计角度看：在产品加速度振动疲劳寿命曲线（G_{rms}-N 曲线）给定情况下，物流中产品抗振动疲劳设计的任务就是要设计和控制包装件的固有频率 f_n 和时间历程 $\overline{T}_i$。

从产品抗振动疲劳校核角度看：在产品缓冲包装设计完成后，根据给定的产品加速度振动疲劳寿命曲线（G_{rms}-N 曲线）和包装件的固有频率 f_n，计算和校核包装件物流振动总时间是否小于产品振动疲劳时间 $\overline{T}$，若否，则需重新设计缓冲包装，调整包装件的固有频率或包装件物流时间历程，直至满足为止。

实际设计时，考虑产品抗振动疲劳安全裕度，常用产品许用振动疲劳时间 $[\overline{T}]$，$[\overline{T}] = \alpha \overline{T}$，$0 < \alpha < 1$，如取 $\alpha = 0.5$。

【例】 产品同前例，振动环境不同。某电子产品包装件质量为 $m = 4\text{kg}$，产品许用产品脆值 $[G] = 10$（g），缓冲设计的缓冲垫等效线性刚度 $k = 10\text{kN/m}$，阻尼系数 $\xi = 0.1$。产品 G_{rms}-N 曲线为 $(G_{rms})^{5.27} N = 3.58 \times 10^6$。运输过程中包装件受单边高斯白噪声振动激励，单边加速度功率谱 $W_{\ddot{u}}(f) = 0.01g^2$。试校核此包装件在上述物流振动环境下运输 $2 \sim 3$ 天的产品抗振动疲劳设计。

【解】

先求出包装件固有频率和频响函数。

$$f_n = 25/\pi = 7.96 \text{ (Hz)}$$

$$H(\omega) = \frac{1 + i2\xi\omega/\omega_n}{1 - (\omega/\omega_n)^2 + i2\xi\omega/\omega_n} = \frac{1 + \dfrac{1}{250}i\omega}{1 - \dfrac{1}{250}\omega^2 + \dfrac{1}{250}i\omega}$$

$$|H(\omega)|^2 = \frac{1 + (2\xi\omega/\omega_n)^2}{[1 - (\omega/\omega_n)^2]^2 + (2\xi\omega/\omega_n)^2} = \frac{1 + \dfrac{1}{250^2}\omega^2}{\left[1 - \dfrac{1}{250}\omega^2\right]^2 + \dfrac{1}{250^2}\omega^2}$$

再求出产品加速度响应单边功率谱和均方根值 G_{rms}。

$$W_{\ddot{x}}(f)=|H(2\pi f)|^2 W_{\ddot{u}}(f)=\frac{0.01g^2\times\left(1+\dfrac{\pi^2}{125^2}f^2\right)}{\left[1-\dfrac{2\pi^2}{125}f^2\right]^2+\dfrac{\pi^2}{125^2}f^2},\quad f\geqslant 0$$

$$\ddot{x}_{rms}^2=\frac{1}{2\pi}\int_{-\infty}^{+\infty}|H(\omega)|^2 S_{\ddot{u}}(\omega)\mathrm{d}\omega=\int_0^{+\infty}W_{\ddot{x}}(f)\mathrm{d}f$$

$$=0.01g^2\times\int_0^{+\infty}\frac{1+\dfrac{\pi^2}{125^2}f^2}{\left[1-\dfrac{2\pi^2}{125}f^2\right]^2+\dfrac{\pi^2}{125^2}f^2}\mathrm{d}f\approx 0.63g^2$$

$$G_{rms}=0.79(g)$$

最后，校核产品抗振动疲劳设计。

$$\overline{T}=\frac{C}{f_n(G_{rms})^b}=\frac{3.58\times10^6}{7.96\times(0.79)^{5.27}}\approx 1.56\times10^6(s)\approx 18(d)$$

产品许用振动疲劳时间为

$$[\overline{T}]=0.5\overline{T}=9(d)>3(d)$$

此包装件抗振动疲劳设计安全。

总结一下，产品完成缓冲设计后，需进行抗首次穿越和抗振动疲劳两方面的防振包装设计和校核。

第五章　运输包装系统设计

第一节　运输包装系统设计要求

在讨论运输包装系统设计前，先了解运输包装系统的设计要求。

一、设 计 要 求

系统是由相互联系、相互作用的若干要素所构成、具有特定功能的有机整体。运输包装系统采用运输包装技术，将产品与包装组成有机整体，达到既保护产品，又方便流通的特定功能。

为达到上述功能，对运输包装系统设计有如下要求：

（1）包装安全化　这是对运输包装系统设计最重要的要求。运输包装系统设计要采用科学合理的运输包装技术和防护措施，应对流通环境条件对产品造成的可能危害，有效保障产品质量和物流安全。

（2）包装标准化　运输包装系统设计应以物流系统的优化和合理化为目标，力求包装规格尺寸、产品、设计强度的标准化。包装规格尺寸的设计应与托盘、集装箱、运输工具、货架等物流工具，与装卸、运输、储存等流通环节的作业器具相匹配，遵守共同的规格尺寸标准系列。

（3）包装集装化　运输包装系统设计应力求实现物流的集装化，集合运输包装有利于物流过程机械化、自动化、智能化的实现，大大提高装卸搬运、运输、储存的效率，降低产品破损率，实现减量包装和安全包装。

（4）包装信息化和智能化　包装信息化是实现现代物流的基础，包装智能化是实现物流信息化的重要载体。随着现代物流的发展，应注重实现运输包装系统的信息化和智能化。

（5）包装绿色化　运输包装系统设计应力求包装成本合理，包装材料减量化，并便于回收、复用和处理。

二、设 计 考 虑

需要从以下方面考虑，以实现上述运输包装系统的设计要求：

（1）物流运输包装技术的应用　在运输包装系统设计时，首先要针对产品特性和客户需求，通过流通环境条件调研，明确物流对产品造成的可能危害，提出运输包装系统设计防护要点。其次，要考虑应用哪些物流运输包装技术和防护措施，才能科学、有效保护产品，保障产品物流安全。一般而言，对工业品、电子产品等，物流中振动、冲击的防护是首先要考虑的，可采用缓冲包装技术，同时，还要考虑防潮、防锈、防霉、密封等设计；

对农产品、食品、药品、生物制品等，物流中的保鲜、密封阻隔、温度控制是首先要考虑的，可采用阻隔包装技术、真空或气调包装技术、冷链运输包装技术等，同时，还要考虑对振动、冲击的防护，采用缓冲包装技术；对危险品、军品，其运输包装系统还有特殊的要求等。

（2）外包装容器的设计 首先，外包装容器连同缓冲包装应能有效保护内容产品免受振动、冲击的损坏，具有足够的强度和刚度承受物流过程中的静压和动压作用；其次，其规格尺寸的设计应符合包装标准化、集装化和绿色化的要求。

（3）集装单元的设计 通过集装单元的设计，实现产品物流过程的标准化、配套化、自动化和系统化。

（4）运输包装传递、交流信息功能的实现 首先，要科学设计标识、标志、条码等，给出足够的产品信息；其次，要合理应用 RFID 技术、智能包装技术和物联网技术传递和交流信息，实现物流过程的信息化和智能化。

这一章就从上述各方面展开讨论。先讨论物流运输包装技术的应用。

第二节 物流运输包装技术

运输包装有多种多样的防护技术，它们都有特定的防护目的。物流环境条件对产品的危害是多样的，需要应用一种或组合应用多种运输包装技术，才能实现防护设计要点，全面保护物流中的产品。这里先简要介绍一些物流运输包装技术，对几种常用和重要的，我们还将专门讨论。

一、缓冲包装技术简介

缓冲包装技术是应对物流中冲击和振动危害、保护产品的一种技术，其核心，一是缓冲包装结构设计，包括缓冲包装的形式、多个缓冲结构的组合、产品固定和分隔和局部保护等；二是缓冲垫设计。缓冲包装技术重点针对的是工业品和电子产品，但一般而言，物流中受到冲击和振动的产品，都要考虑采用一定的缓冲包装技术措施。我们在第四章已对此作过详细讨论。

二、冷链运输包装技术简介

冷链运输包装技术是与冷链物流低温控制要求相配套的产品包装技术。冷链运输包装是冷链物流的一个重要环节，其对象主要为生鲜产品、加工食品和医药产品。

三、智能运输包装技术简介

智能运输包装技术是指在物流过程中，具有如感知、检测、记录、追踪、通讯、逻辑等智能功能，可传递信息、追踪产品、感知包装环境、通讯交流，从而促进决策，达到更好地实现包装功能的一种技术。智能运输包装更多地被认为是包装信息功能的延伸，是物流信息化的重要载体。根据产品、客户、物流等实际情况，考虑是否需要对产品包装实施这一技术。

四、防潮、防霉运输包装技术

防潮、防霉运输包装技术是运输包装系统保护产品的重要内容。

1. 防潮运输包装技术

潮湿会使金属产品发生锈蚀，使非金属产品发生霉变和潮解。防潮运输包装技术是应对物流中产品受潮后品质下降危害、保护产品的一种技术。如图 5-1 所示，主要采用低透湿材料对产品进行包封，阻隔物流环境湿度对产品的影响，使包装内的湿度满足产品安全需要。防潮运输包装技术常常还会辅以其他防潮措施协同，如包装内封入适量的干燥剂、抽真空、充换干燥空气或惰性气体处理等。

图 5-1　防潮运输包装技术示例

包装材料和容器的防潮性能主要取决于其透湿度，与材料种类、厚度、加工工艺有关。物流运输包装中，常采用单层或多层高阻湿塑料膜对产品进行包封。对于防潮运输包装技术而言，低透湿材料的选择、产品的包封（封口的密封完整性）、干燥剂种类及量的选择是防潮的关键。

防潮运输包装设计时，需根据产品、流通环境条件、防潮期限等因素综合考虑防潮包装的等级。

2. 防霉运输包装技术

防霉运输包装技术是应对物流中产品和包装霉变、保护产品的一种技术，如图 5-2 所示。防霉运输包装需根据霉菌的特点，改善生产和控制物流环境条件，以抑制霉菌的生长。许多仪器、仪表、化工产品、食品等都要进行防霉运输包装技术处理。

图 5-2　防霉运输包装技术示例

产品霉腐一般经过受潮、发热、霉变、腐烂四个环节。霉菌繁殖生长需要适宜条件，如湿度、温度、氧气和营养成分等。受潮是霉菌生长繁殖的关键因素，相对湿度低于 65% 以下时霉菌很难生长。控制温度、湿度、氧气、营养成分等霉菌生长要素中的任何一因素，就可防止或延迟霉菌的生长。

在设计防霉运输包装时，应选择不易被霉菌利用的材料。包装材料按耐霉程度分为三种：

（1）耐霉材料　这类材料大部分为人工合成材料与无机材料，不能给霉菌提供营养成分。

（2）半耐霉材料　这类材料由耐霉与不耐霉物质混合组成，其耐霉程度主要取决于组成物质、添加剂以及混合生产工艺，如聚乙烯膜、聚氯乙烯制品、人工合成橡胶、复合塑料膜等。

（3）非耐霉材料　这类材料大多是天然有机材料及其制成品，能提供霉菌生长的营养成分，如纸、纸板、木材、棉麻纤维织物、皮革等。

对密封包装，可采用抽真空、充惰性气体、干燥空气封存、除氧封存、防潮剂、挥发性防霉剂等措施控制密封包装内部环境。使用这些工艺措施应与产品防潮、防锈综合考虑。

对非密封包装，可选择合适的防霉剂和防霉工艺处理产品和包装。

五、收缩包装与拉伸缠绕包装技术

1. 收缩包装技术

收缩包装技术是利用有热收缩性能的塑料薄膜将各种单件或多件产品（包装件）裹包后，加热收缩，使薄膜收缩包紧产品或包装件形成单元整体的一种包装技术，如图 5-3 所示。这一技术被广泛应用于产品的运输包装和销售包装。

图 5-3　收缩包装技术示例

收缩包装常用薄膜选择及性能见表 5-1[45]。

表 5-1　　　　　　　　　　　　　收缩包装常用薄膜及性能

性质	单位	聚氯乙烯（PVC）	聚丙烯（PP）	聚乙烯（PE）
标准厚度	mm	0.019	0.013	0.025～0.254
拉伸强度	MPa	42～130	110～190	56～130
收缩率	%	50～70	70～80	70～80
收缩应力	MPa	1.1～2.1	2.1～4.2	0.4～3.5
薄膜收缩温度范围	℃	65～150	105～175	90～150
烘道空气温度	℃	105～155	110～235	105～315
热风温度	℃	135～175	175～205	120～260

收缩薄膜纵横向收缩率一般要求相等，约为 50%，单向收缩膜的收缩率为 25%～50%。收缩温度与收缩率的关系见图 5-4[45]。

收缩包装的形式应根据产品的性质、质量、体积、形状、流通环境等因素来综合确定，分为 L 型、套筒式、枕式、四方式、托盘式和套标式，见表 5-2[45]。

2. 拉伸缠绕包装技术

拉伸缠绕包装技术是利用拉伸薄膜拉伸后的回缩力将一个或多个产品（包装件）牢固地捆束成易于搬运的单元整体的一种技术，如图 5-5 所示。由于拉伸缠绕包装后的单元整体具有良好的稳定性及较强的抗冲击和抗振性能，这一技术被广泛应用于各种产品的集装运输。

拉伸缠绕包装常用拉伸薄膜有：低密度聚乙烯（LDPE）、聚氯乙烯（PVC）、乙烯-醋酸乙烯共聚物（EVA）、线性低密度聚乙烯（LLDPE）等。

拉伸包装分为手动式拉伸包装、阻尼拉伸包装和预拉伸包装，应根据产品（包装件）的形状、稳定性、易碎性、耐挤压性、质量等选择薄膜和拉伸率。

表 5-2 　　　　　　　　　　　　　　收缩包装的形式

包装形式	适用材料	收缩膜取向	封切方法	收缩方式
L 型	PVC、PP、PE	双向收缩	脉冲线、直热刀	辐射加热 热风加热 热水加热 蒸汽加热
套筒型	PVC、PE	单向（纵）收缩	脉冲线、直热刀	
	PE		冷切搭接热粘合	
枕式	PP	双向收缩	直热刀、脉冲线、热滚刀、静电、超声波搭接热粘合	
	PE			
四方式	PVC、PP、PE	双向收缩	直热刀、脉冲线、热滚刀、静电、超声波	
盘式	PE	双向收缩	套罩	热风加热 火焰加热
套标式	PVC	单向（横）收缩	套标	热风加热 蒸汽加热 热水加热

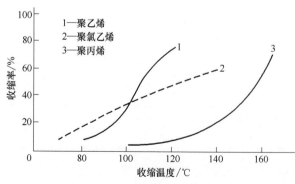

图 5-4　收缩温度与收缩率的关系

图 5-5　拉伸缠绕包装技术示例

第三节　冷链运输包装技术

一、冷链物流

冷链物流指以冷冻工艺为基础、制冷技术为手段，使冷链产品（包装件）在物流全过程中始终处于规定的温度环境下，以保证产品质量，减少损耗的物流活动。冷链物流的对象目前主要是初级农产品、加工食品、医药产品、化工产品和有低温要求的特殊产品，农产品和食品在冷链中占绝大部分，医药和化工类占比较小。

物流过程中，产品低温环境控制是通过一系列冷冻冷藏设备组成完整的冷冻冷藏链条体系实施的。在贮存环节建有大型冷库（冷链物流配送中心），在运输环节配有冷冻冷藏专用车辆、冷藏箱等，在至消费者"最后一公里"配送环节配有冷链专用箱、冷链运输冰袋等。冷链运输方式可以是公路运输、水路运输、铁路运输、航空运输，也可以是多种运输方式组成的综合运输方式。冷链运输是冷链物流的一个重要环节，包含了较复杂的移动制冷技术、温度监控技术和冷藏箱制造技术。通过温度传感器、RFID 技术、物联网技术等可实现对产品冷链物流过程和温度的全面监控。

二、冷链运输包装技术

伴随冷链物流的崛起，冷链运输包装技术快速发展。冷链运输包装技术是与冷链物流低温控制要求相配套的产品包装技术，其重点是冷链专用箱的温控设计和制造技术。冷链专用箱适合多批次、少批量的灵活配送交付模式，利用一般货车和蓄冷保温箱配送不同的温敏产品是目前快递物流配送的重要配送模式。

蓄冷保温箱需视产品特性进行温度设计，不同产品需要的温度控制不同。对速冻食品、肉类、冰淇淋等产品需冷冻，温度控制一般在 $-22\sim-18℃$；对水果、蔬菜、饮料、鲜奶制品、花草苗木、熟食制品、糕点、食品原料等产品需冷藏，温度控制一般在 $0\sim7℃$；对疫苗、检测试剂等，温度控制区间为 $2\sim8℃$；对巧克力、糖果、药品、化工产品等产品需恒温，温度控制一般在 $18\sim22℃$。

蓄冷保温箱温控设计主要涉及相变蓄冷剂和隔热箱体设计，如图 5-6 所示。相变蓄冷材料相变点可调，发生相变时潜热较大，材料近似恒温，蓄冷保温箱就是利用相变蓄冷剂释放的潜热来控制保温箱内部温度的。相变蓄冷材料根据其化学组成可分成无机类、有机类和复合类。无机类通常为一种水合盐类材料，有机类主要包括石蜡、脂肪酸、多元醇类等。常用的食品、农产品冷链用相变蓄冷剂，为由原材料水（冰）、氯化钠、羧甲基纤维素钠、甘氨酸等按需要组成的混合材料，其主要参数为相变温度和相变潜热。干冰（固体二氧化碳）也常用于食品、血浆、疫苗、电子低温元件、精密元器件的冷藏运输。

热交换是通过传导、对流和辐射三种热传递共同作用的结果，所以，隔热箱体应以整体发泡、滚塑、注塑箱体为主。隔热材料应采用吸水性低、透气性小、热传导率小、具有良好温度稳定性的保温材料，目前常采用真空绝热板、硬质聚氨酯、发泡聚丙烯、发泡聚

图 5-6　蓄冷保温箱温控设计示意

苯乙烯等。同时，隔热箱体外壳应使用防水防尘材质，要易清洗；内胆应使用符合食品安全规定的材质；蓄冷剂容器（蓄冷器）应符合食品安全规定，采用安全无毒、无污染的材料，宜采用可回收、可降解的材料。

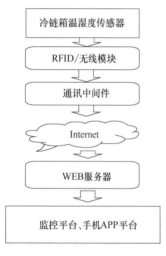

图 5-7　冷链箱内温度和
湿度的监控框架

蓄冷保温箱应达到一定的温度稳定性（譬如，温度差应在±1℃以内）和保温时效。保温时效依实际运输时间需求而定，譬如，一般性保温时效应保温 8h，长途城际运输应保温大于 12h，中途城市配送应保温 6～12h，短途宅配快递应保温大于 6h。同时，箱体应有一定的抗冲击性能、载重能力、耐压能力和防尘、防水功能。箱体规格尺寸还应与运输车辆和托盘相匹配。

冷链箱在医药行业有严格的温度、湿度等环境条件要求，《药品经营质量管理规范》附录《温湿度自动监测》对药品储运温湿度自动监测系统的监测功能、数据安全管理、风险预警与应急、系统安装与操作等进行了具体规定。

通过嵌入式温度、湿度传感器、RFID 技术、物联网技术等可实现对冷链箱内温度和湿度的监控，监控框架见图 5-7。

第四节　智能运输包装技术[46]

《中国包装工业发展规划（2016—2020 年）》明确了包装工业发展重点为：面向建设包装强国的战略任务，坚持自主创新，突破关键技术，全面推进绿色包装、安全包装、智能包装一体化发展，有效提升包装制品、包装装备、包装印刷等关键领域的综合竞争力。在推动智能包装快速发展方面，提出"以智能包装为两化深度融合的主攻方向，推进生产过程智能化，着力发展智能包装产品，大力提升包装产业信息化水平。"我们首先讨论智能包装与智能包装系统。

一、智能包装与智能包装系统

首先，需要区分智能包装与活性包装这两个概念。活性包装（active packaging）通过产品、包装、环境相互积极作用，达到保护产品、延长货架寿命的目的。活性包装涉及物理的、化学的、生物的作用，如：抗菌、抗氧化包装，气体吸收/散发包装，可控释放包装（controlled release packaging）等。智能包装（intelligent packaging）具有如感知、检测、记录、追踪、通讯、逻辑等智能功能，可追踪产品、感知包装环境、通讯交流，从而促进决策，达到更好地实现包装功能的目的。

如图 5-8 所示，包装具有包含和保护产品、方便储运、交流信息等基本功能。活性包装可认为是包装保护功能的拓展，而智能包装更多的被认为是包装信息功能的延伸。

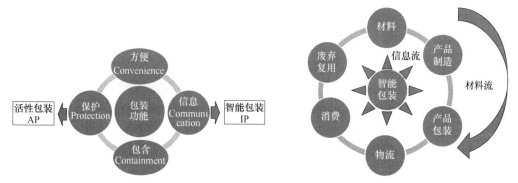

图 5-8　智能包装与活性包装概念　　　　图 5-9　智能包装信息交流功能

如图 5-9 所示，智能包装在从原材料供给到产品制造、产品包装、物流配送、消费和包装废弃物处置的整个供应链中，起到信息感知、储存、传递、反馈等重要通讯交流作用。

Yam 给出了食品供应链中智能运输包装系统信息流的框架性描述，如图 5-10 所示[47]，这有助于我们理解智能包装技术。该智能包装系统由智能包装元件、数据层、数据处理和食品供应链通信网络组成。智能包装元件是构成智能包装系统的前提，它赋予包装获取、存储和传输数据的新能力；数据层、数据处理和食品供应链通信网络共同组成决策支持系统。智能包装元件和决策支持系统协同工作，监控食品包装内部和外部环境的变化，交流食品状态信息，及时作出决策和采取适当的措施。

这里给出两个智能运输包装系统的实例。图 5-11 所构建的是物流中果蔬腐败智能化实时监测预警技术系统，由实时传感技术和设备、腐败机制与评判数据库、监测预警系统三部分组成。

为对物流中重要产品和危险品实施有效监控，开发了产品物流多参数智能监测系统，其系统结构见图 5-12[48]。该系统由传感层、信息汇聚层和智能监测层组成，可在线或远程监控物流中重要产品和危险品的状况，包括环境温湿度、振动和冲击强度、气体浓度以及产品运动等。

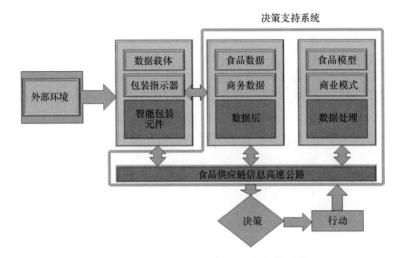

图 5-10　食品供应链中智能运输包装系统

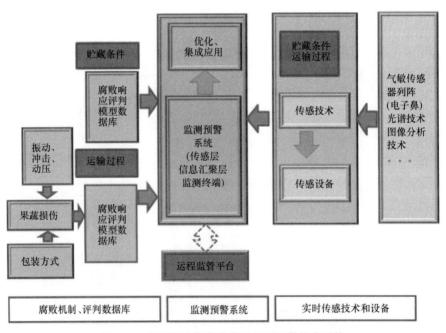

图 5-11　果蔬腐败智能化实时监测预警技术系统

二、智能运输包装技术与应用

目前，实现智能运输包装主要有三种技术：传感器（sensors）、指示剂（indicators）和无线射频识别（radio frequency identification，RFID），这三种技术无论是物理组成、数据捕获以及传输的量和类型均不同。

1. 传感器技术

传感器是指能感受规定的被测量件并按照一定的规律转换成可用信号的器件或装置，通常由敏感元件和转换元件组成。在包装材料应用和集成传感器，实现智能运输包装系统

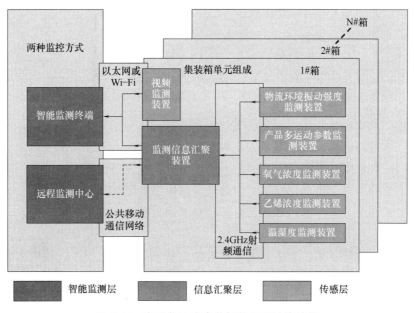

图 5-12　产品物流多参数智能监测系统结构

已变得触手可及。除了传统的传感器常用来测量温度、湿度、压力、运动、pH 和曝光量等外，化学传感器近年已引起越来越多的关注，用于监控食品质量和包装完整性。利用小尺寸柔性化学传感器可开发智能食品包装，监测与食品腐败变质和包装泄漏相关的挥发性有机化合物（VOCs）和气体分子（H_2、CO、O_2、H_2S、NH_3、CO_2、CH_4 等）。

印刷电子是一个新的迅速崛起的相关技术。这一技术利用导电功能油墨印制电路，创新了在柔性包装材料上（薄片、薄膜、纸、复合包装材料）制造电子元件（射频识别标签、显示器、传感器、电池等）的技术。挪威科技公司（ThinFilm Electronics ASA）开发了一个由电池供电、独立的、集成印刷电子温度跟踪智能传感标签系统，用于监测易腐货物。将敏感元件印制在印刷传感器上，这类柔性印制化学传感器无疑将彻底改变智能包装的开发和生产。

为满足低检出限、低工作温度、尺寸更小、灵敏度更高、选择性好和连续测量等气体检测要求，用于传感功能特别是气体传感的纳米材料研究近年呈指数增长。由于具有高的比表面积，碳纳米材料（如炭黑和富勒烯碳纳米颗粒、石墨烯、石墨纳米纤维和纳米管）呈现出优异的检测灵敏度。结合其优异的电性能和机械特性，碳纳米材料非常适合于制造化学传感器的敏感元件。在实验室条件下，碳纳米管具有 10^{-10} 水平的检测限灵敏度。石墨烯是由一层原子组成的二维材料，所以其每一个原子都可以参与到与气体的相互作用中，理论上石墨烯可以达到最低的气体检测能力，即单个分子的检测能力。富勒烯抗变型能力强并能很好地回复原形，目前研究关注于富勒烯和富勒烯薄膜作为化学传感器的敏感元件，以及富勒烯薄膜对各种有机和无机化合物的吸附特性的研究。碳纳米纤维通过功能化和表面修饰适合于制作化学传感器的敏感元件。尽管碳纳米材料在制造化学传感器方面展现出了十分诱人的前景，但其商业化方面还有许多技术瓶颈。近年在这方面已取得重要的技术突破，碳纳米管可以喷印在 PET 和纸上制作在 sub-ppm 浓度水平上检测氯气

（Cl_2）和二氧化氮（NO_2）的化学传感器，碳纳米管和石墨可以在纸上制作选择性化学气体传感器，检测和分辨气体。

生物体内细胞、抗体或酶之类的生物成分是天然的敏感元件，生物技术的突破可实现这些成分的分离和纯化，从而可把它们作为生物敏感元件整合到所谓的生物传感器上。生物传感器和化学传感器之间的主要区别在于，敏感元件包含了用于检测化学分析物的生物成分。生物传感器可以应用于识别和测量过敏原和分析物，如糖、氨基酸、醇、脂、核苷酸等。目前，为食品工业应用开发的大多数生物传感器都还限定在初步的概念验证阶段，需要进一步研究如何把它们整合到食品包装中。Scheelite Technologies 公司开发了一种商用柔性生物传感器，用于食品供应链中包装食品的大肠杆菌和沙门氏菌检测，其核心技术是抗毒素在塑料包装材料上的沉积以及生物传感器通过无线网络进行实时监控。

传感器一般输出电信号。由于硅光子学技术的发展，传感器输出光学信号引起科技界和工业界的关注。相比于电传感器，光学信号传感器不需要电力提供，可利用紫外光、可见光或红外光在一定距离外驱动和读出结果，有着诱人的前景。用于氨气（NH_3）检测的基于绝缘体上硅（SOI）微环谐振器（MR）的化学传感器的概念验证已经进行。

单个化学传感器或生物传感器主要是针对特定化合物的高度选择性和敏感性而设计，因此常常需要用一维或二维传感器列阵（电子鼻系统）来检测和分辨气味中的每一种化合物。随着现代传感器制造技术的飞速发展，一维或二维传感器列阵将在智能包装领域得到实际的应用。

2. 指示剂

与传感器相比，指示剂不能提供定量信息（如浓度，温度等），不能存储测量和时间数据。它们通过颜色变化、色彩浓度的增强或沿直线颜色扩散，提供包装食品的直观的、定性的（或半定量的）信息，如图 5-13 所示[49]。指示剂结合柔性无线射频识别（RFID）被认为是目前可集成于智能包装的切实可行的技术。

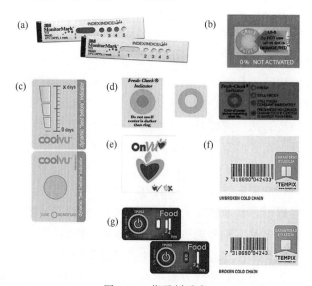

图 5-13 指示剂示意

气体指示剂提供了一种非侵入式的方法来检测包装的完整性及包装内环境状况。例如，对气调包装的密封泄漏，它通常可指示气体浓度变化（CO_2、O_2、水蒸气、乙醇等）的定性或半定量的信息，可监测整个物流链中气调包装的状况。

新鲜度指示剂通过其与微生物生长代谢物的反应直接提供食品中微生物生长或化学变化引起的食品质量信息，也可用于对易腐产品剩余货架寿命的估计。它分为多种类型，如对 pH 敏感的指示剂、对挥发性物质或气体敏感的指示剂、病原菌指示剂等。

时间-温度指示剂（TTIs）提供产品物流过程中经历温度的信息，通过时间-温度积累效应指示食品剩余货架寿命，广泛用在易腐产品包装、冷链运输和高温杀菌的监测等。时间-温度指示剂按工作机理分为多种类型，如聚合物型、酶型、化学型、微生物型、纳米型等。

热变色油墨可以在不同的温度下改变颜色。不可逆热变色油墨不可见，但暴露在一定温度下时会呈现强烈的颜色，并留下永久的温度变化指示。

冲击指示剂（防震标签）已广泛应用于运输过程货物的监视，常贴于货物的外包装箱上。当指示剂所受的冲击超出其设定阈值时，指示剂晶管便会由白色转变为有色。冲击指示剂可提供若干个感应阈值，不同转变颜色表示激活指示剂的不同的外来冲击设定阈值。冲击指示剂有明显的警示作用，引导物流人员正确操作。

3. 无线射频识别

无线射频识别（RFID）以及条形码、二维码、磁墨水、语音识别、生物识别等归类为自动识别技术，可提供信息和/或控制材料流，特别适用于物流供应链等大型生产网络。与传感器和指示剂相比，自动识别技术不提供如产品质量状况等的定性或定量信息，通常用于识别、自动化、追溯、防盗和防伪。

在无线射频识别系统中，阅读器使用电磁波通过天线与射频识别标签（RFID tag）进行通信。射频识别标签是一种数据携带装置，它由天线及其连接的微芯片组成。射频识别标签基于电力供给可以分为三种类型：无源射频识别标签没有电池，由阅读器发射的电磁波驱动，阅读范围几米；半无源射频识别标签使用电池来维持标签的记忆，或驱动标签调节阅读器天线发出的电磁波；有源射频识别标签由内部电池供电，运行微芯片电路，向阅读器发送信号，典型阅读范围 100m。

射频识别标签按用于通信的电磁波的频率可分为三类：低频（30～500kHz），高频（10～15MHz），超高频（850～950MHz，2.4～2.5GHz，5.8GHz）。频率决定了阅读范围和数据传输率。

要使射频识别技术广泛应用于智能包装系统中，目前仍然需要解决一些技术、工艺和安全问题，目前的研究主要集中在可传感的射频识别标签（sensor-enabled RFID tag）以及它们在物流供应链中的应用。为使射频识别系统更加智能化，射频识别标签应能够提供包装的完整性、产品质量状况以及物流环境条件的信息，这会涉及如温度、相对湿度、pH、压力、曝光量、挥发性化合物和气体分子浓度等一个或多个参数的测量。可传感的射频识别标签将一个或多个传感器连接到射频识别标签，同时确保传感器和其所测数据在标签中储存的能量供给。

可传感的射频识别标签开发目前要解决的主要问题是：在射频识别标签的设计中如何集成一个或多个传感器，以及在包装材料中如何集成可传感的射频识别标签。荷兰 Holst Centre 开发了一个柔性可传感的射频识别标签样品，可监测温度、湿度和三甲胺。欧盟国家 R&D 项目正在通过提高传感器的灵敏度和选择性、应用印刷电子、集成在包装材料中等开发可传感的射频识别标签。

三、智能运输包装技术发展主要方向

随着智能化社会的到来，智能运输包装技术将得到快速发展，可以预测在以下四个主要发展方向上会有所突破：

（1）进一步发展智能运输包装元件　这方面的可选技术有：柔性印刷电子技术，即用电子功能油墨在柔性包装材料上印制电子元件；碳纳米材料技术用于气体和化合物检测；硅光电技术用于挥发性有机物（VOCs）、二氧化碳（CO_2）检测；电子鼻技术（传感器列阵）用于识别复杂气味；生物传感技术用于检测生物成分。混合智能包装元件研发将更受青睐，包括：信息携带标签与指示剂的结合、传感器与指示剂的结合、可传感的射频识别标签等。

（2）智能运输包装元件与运输包装系统的有机集成　主要方向为可传感的射频识别标签与包装材料、容器的融合。

（3）智能运输包装与活性包装的结合。这一融合将展现出十分诱人和广阔的前景，但主要风险是化学物质从活性和智能包装材料向食物的迁移问题。

（4）在发展智能运输包装的决策支持系统方面，需要发展支撑决策支持系统的各类模型，人工智能技术将在决策支持系统中得到深入应用。

第五节　外包装容器设计一般要求

以下各节讨论外包装容器设计，这一节先讨论外包装容器设计一般要求。

外包装容器一方面包装、容纳内容产品，另一方面在物流中保护产品、方便储运、传递信息。外包装容器运输包装设计的一般要求为：

（1）外包装容器连同缓冲包装应能有效保护内容产品免受振动、冲击的损坏。受冲击和振动后，容器自身应满足强度要求。即容器薄弱点处冲击和振动应力要小于许用应力。

$$\sigma \leqslant [\sigma] \qquad (5\text{-}1)$$

（2）外包装容器整体应有足够的静态和动态抗压强度和刚度，足以承受物流过程中堆码的静压和动压作用，不能损坏，同时变形也不能过大，应保持容器的完整性。

$$P \leqslant [P] \qquad (5\text{-}2)$$

$$\Delta l \leqslant [\Delta l] \qquad (5\text{-}3)$$

（3）外包装容器的设计应符合包装标准化、集装化和绿色化的要求，其规格尺寸应与托盘、集装箱等集装器具，与运输工具相匹配，结构设计要考虑方便装卸搬运和储存，材

料使用要尽可能减量化，并便于回收、复用和处理。

（4）外包装容器材料应能有效抵抗物流中外界气候环境条件（如温度、湿度、气压、降雨、盐雾、沙尘、太阳辐射等）的作用，同时，应与内容产品相容，不会对产品尤其是食品和药品造成不良影响。

以上几点是对外包装容器运输包装设计的一般要求，不同外包装容器、不同使用条件和场合会提出一些特殊的设计要求。常见的外包装容器可分为纸包装容器、木包装容器、塑料包装容器和金属包装容器，下面就对常用的外包装容器设计进行讨论。

第六节　外包装容器设计——瓦楞纸箱

瓦楞纸箱是纸质外包装容器的典型代表，应用广泛。以下讨论瓦楞纸箱设计，其他纸质外包装容器的设计考虑与此类似，不再展开讨论。

一、瓦楞纸箱分类分型

瓦楞纸板经过模切、压痕、开槽、开角等操作后制成瓦楞纸箱箱坯，再经钉箱或粘箱制成瓦楞纸箱。瓦楞纸箱以其优越的使用性能和良好的加工性能，逐渐取代了木箱等，成为应用最广的运输包装容器。

关于瓦楞纸箱的箱型结构，国际上普遍采用由欧洲瓦楞纸板制造商联合会（European Federation of Corrugated Board Manufacturers，FEFCO）和瑞士纸板协会（ASSCO）联合制定、国际瓦楞纸箱协会（International Corrugated Case Association，ICCA）采纳的国际纸箱箱型标准，该标准中包含了较为完整的箱型，分为基本箱型和组合箱型两类。基本箱型用 4～8 位数字表示（图 5-14），如 0201。组合箱型是基本箱型的组合，即有两种或两种以上基本箱型组合或演变而成，用多组数字表示，如上摇盖用 0204 型，下摇盖用 0215 型，可表示成 0204/0215。

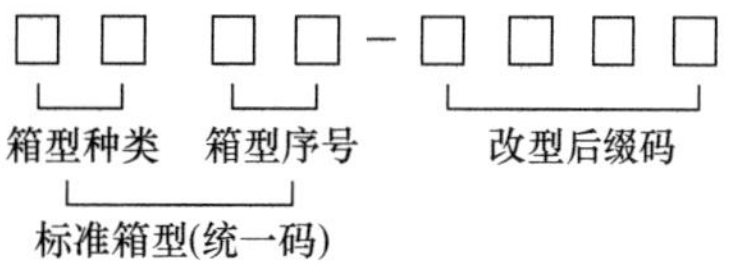

图 5-14　箱型表示

我国国家标准《GB/T 6543 运输包装用单瓦楞纸箱和双瓦楞纸箱》规定了运输包装用瓦楞纸箱的基本箱型，即开槽 02 型、套合 03 型、折叠 04 型，见表 5-3 和图 5-15。根据不同内装产品，也可采用其他型式的瓦楞纸箱。

表 5-3　　　　　　　　　　　　　　国家标准箱型

分类编号	箱型标号					
02	0201	0202	0203	0204	0205	0206
03	0310	0325				
04	0402	0406				

我国国家标准按照所使用的瓦楞纸板的不同种类、内装产品的最大质量及综合尺寸、预计的物流环境条件等将瓦楞纸箱分类为 20 种，见表 5-4。

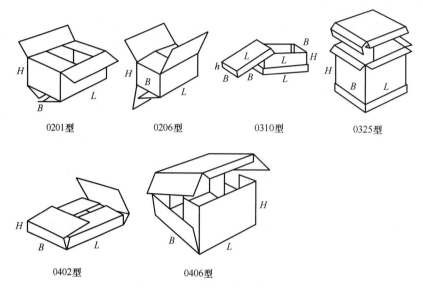

0201型　　　　0206型　　　　0310型　　　　0325型

0402型　　　　0406型

图 5-15　国家标准箱型结构图

表 5-4　瓦楞纸箱的种类

种类	内装物最大质量/kg	最大综合尺寸[a]/mm	1 类[b]		2 类[c]	
			纸箱代号	纸板代号	纸箱代号	纸板代号
单瓦楞纸箱	5	700	BS-1.1	S-1.1	BS-2.1	S-2.1
	10	1000	BS-1.2	S-1.2	BS-2.2	S-2.2
	20	1400	BS-1.3	S-1.3	BS-2.3	S-2.3
	30	1750	BS-1.4	S-1.4	BS-2.4	S-2.4
	40	2000	BS-1.5	S-1.5	BS-2.5	S-2.5
双瓦楞纸箱	15	1000	BD-1.1	D-1.1	BD-2.1	D-2.1
	20	1400	BD-1.2	D-1.2	BD-2.2	D-2.2
	30	1750	BD-1.3	D-1.3	BD-2.3	D-2.3
	40	2000	BD-1.4	D-1.4	BD-2.4	D-2.4
	55	2500	BD-1.5	D-1.5	BD-2.5	D-2.5

a. 综合尺寸是指瓦楞纸箱内尺寸的长、宽、高之和。

b. 1 类纸箱主要用于储运流通环境比较恶劣的情况。

c. 2 类纸箱主要用于流通环境较好的情况。

注：当内装物最大质量与最大综合尺寸不在同一档次时，应以其较大者为准。

上述瓦楞纸箱分类中，内装产品质量限定在 55kg、综合尺寸限定在 2500mm 以内。内装产品质量大于 55kg 或综合尺寸大于 2500mm、主要以瓦楞纸板为箱体的运输包装箱，称为重型瓦楞纸箱。对于重型瓦楞纸箱，我国国家标准《GB/T 16717 包装容器 重型瓦楞纸箱》将其分为Ⅰ类纸箱和Ⅱ类纸箱，Ⅰ类纸箱分为 A 型（开槽型，类似前面开槽 02 型）、

B 型（套合型，类似前面套合 03 型）和 C 型（半开槽型箱体加箱盖），如图 5-16 所示。

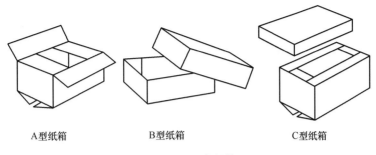

A型纸箱　　　　　B型纸箱　　　　　C型纸箱

图 5-16　Ⅰ类纸箱

除Ⅰ类纸箱之外的其他纸箱称为Ⅱ类纸箱，Ⅱ类纸箱有木框架纸箱、裹包式纸箱和其他等，见图 5-17。

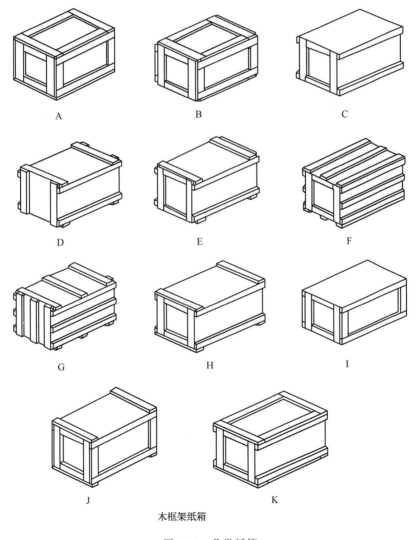

木框架纸箱

图 5-17　Ⅱ类纸箱

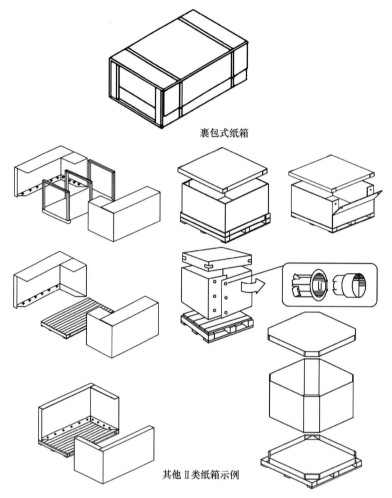

裹包式纸箱

其他Ⅱ类纸箱示例

图 5-17　Ⅱ类纸箱（续）

国家标准对各类瓦楞纸箱用瓦楞纸板的最小综合定量、耐破强度、戳穿强度、边压强度等物理性能均有规定。

瓦楞纸箱可通过护角等局部结构加强，或可用箱档、隔板、衬板、立柱（角柱）、托盘等纸质、木质或其他材料构件进行加强，以提高其抗压、抗冲击和振动的能力。

二、瓦楞纸箱强度设计

瓦楞纸箱强度设计主要涉及堆码静压强度、动压强度和抗冲击强度等，也对所用瓦楞纸板的耐破强度、戳穿强度、边压强度等物理性能有要求。

瓦楞纸箱堆码静压强度通过下式设计：

$$P = (N_m - 1)W \leqslant [P] = \frac{P_m}{k} \qquad (5\text{-}4)$$

式中，P 为底层瓦楞纸箱经受的静压力，N_m 为最大堆码层数，W 为单个瓦楞纸箱包装件重量，$[P]$ 为瓦楞纸箱许用压力，P_m 为瓦楞纸箱的抗压强度。安全系数 k 取值与堆码时间和方式、堆码环境温湿度、产品价值、周转次数、内装产品能否起到支撑作用等因素有关，通常，内装产品能起到支撑作用时取 1.65 以上，内装产品不能起到支撑作用时取 2 以上。

瓦楞纸箱的动压强度设计式为

$$P_{\mathrm{d}} = k_{\mathrm{d}}P \leqslant [P] = \frac{P_{\mathrm{m}}}{k} \tag{5-5}$$

式中，P_{d} 为瓦楞纸箱经受的动压力，动力系数 k_{d} 取值范围还未有较多的实验数据支撑，暂建议取 $2 \sim 3$，运输中堆码约束固定较好时，取小值，约束固定难以保证时，取大值。

综合考虑静压和动压的影响，瓦楞纸箱强度设计仍可沿用静态设计式

$$P = (N_{\mathrm{m}} - 1)W \leqslant [P] = \frac{P_{\mathrm{m}}}{k} \tag{5-6}$$

但这里，安全系数 $\overline{k}$ 认为是静态安全系数和动力系数的综合效应，暂建议一般取 $2 \sim 3$，极端情况单独考虑。

瓦楞纸箱的抗压强度 P_{m} 与原纸品质、楞型、箱型、尺寸、加工条件、流通条件等一系列因素有关，很难给出符合实际的较精确的预测。目前，比较流行的预测公式有凯里卡特（Kellicutt）公式和马基（Mckee）公式。

当已知原纸的环压数值时，可采用凯里卡特公式估算 0201 型纸箱的抗压强度 P_{m}（N）。

$$P_{\mathrm{m}} = P_{\mathrm{x}}(4a\sqrt{Z})^{\frac{2}{3}}J \tag{5-7}$$

式中，P_{x} 为瓦楞纸板的综合环压强度（N/cm），Z 为纸箱周长（cm），a 为楞常数，J 为箱常数。瓦楞纸板的综合环压强度为各面纸、里纸和芯纸的环压强度之和。

$$P_{\mathrm{x}} = \frac{\sum_i R_{\mathrm{n}i} + \sum_j C_{\mathrm{m}j}R_{\mathrm{m}j}}{15.2} \tag{5-8}$$

式中，15.2（cm）为原纸试样长度，$R_{\mathrm{n}i}$ 为第 i 层面纸、里纸的环压强度测试值（N），$R_{\mathrm{m}j}$ 为第 j 层芯纸的环压强度测试值（N），$C_{\mathrm{m}j}$ 芯纸的收缩率，也称压楞系数，为瓦楞芯纸压楞前后的长度之比，此值随设备和齿形的不同会有一定差别。楞常数、箱常数、芯纸收缩率数据见表 5-5[50]。

表 5-5　　　单瓦楞、双瓦楞和三瓦楞纸箱楞常数、箱常数、芯纸收缩率数据

楞型	A	B	C	AB	BC	AC	AA	BB	CC	
a	8.36	5.00	6.10	13.36	11.10	14.46	16.72	10.00	12.20	
J	1.10	1.27	1.27	1.01	1.08	1.02	0.94	1.08	1.09	
$C_{\mathrm{m}j}$	1.532	1.361	1.477							
楞型	AAA	BBB	CCC	ABA	ACA	BAB	CAC	BCB	CBC	ABC
a	25.08	15.00	18.30	21.72	22.82	18.36	20.56	16.10	17.20	19.46
J	0.89	1.02	1.03	0.93	0.94	0.98	0.98	1.02	1.02	0.98

凯里卡特公式仅适合于 0201 型纸箱的抗压强度预测，其他 02 型纸箱的抗压强度需在此基础上进行修正。

$$P_{\mathrm{m}} = \gamma P_{\mathrm{m}(0201)} \tag{5-9}$$

式中，γ 为修正系数，见表 5-6[3]。

表 5-6   **其他箱型抗压强度修正系数**

箱型	0200	0201	0202	0203	0206	0207	0209	0210	0211	0212	0214
γ	1.18	1.00	1.11	1.11	1.18	1.39	1.21	0.98	1.01	0.97	1.12
箱型	0215	0216	0217	0301	0306	0320	0410	0504	0510	WA 包卷式	
γ	1.04	1.07	1.03	0.62	0.60	2.00	0.80	0.70	0.70	0.83	

当已知瓦楞纸板的边压强度 P_{ECT}、机器方向和横向弯曲刚度为 D_x 和 D_y 时，纸箱抗压强度常采用以下马基公式估算[51-52]。

$$P_{\mathrm{m}} = \alpha P_{\mathrm{ECT}}^{\beta} (\sqrt{D_x D_y})^{1-\beta} Z^{2\beta-1} \tag{5-10}$$

式中，α 和 β 为常数。在原马基公式中，$\alpha = 2.028$，$\beta = 0.746$。目前认为 $\alpha = 2\sim3$，$\beta \approx 0.75$ 较为合理。对 0201 型纸箱，马基公式可简化为[53]

$$P_{\mathrm{m}} = 5.87 P_{\mathrm{ECT}} \sqrt{Zt} \tag{5-11}$$

式中，t 为瓦楞纸板厚度。

06 型纸箱由一个主体箱板和两个端板组成，主体箱板和端板可选不同纸板。06 型纸箱的抗压强度预测式为[50]

$$P_{\mathrm{m}} = 1.29(P_{\mathrm{L}} + P_{\mathrm{B}}) - 1050 \tag{5-12}$$

式中，P_{L} 为主体箱板的抗压强度（N），P_{B} 为端板的抗压强度（N）。

$$P_{\mathrm{L}} = P_{\mathrm{m}(0201)} \left(\frac{L_{\mathrm{o}}}{L_{\mathrm{o}} + B_{\mathrm{o}}} \right) \tag{5-13}$$

$$P_{\mathrm{B}} = P_{\mathrm{m}(0201)}^{*} \left(\frac{B_{\mathrm{o}}}{L_{\mathrm{o}} + B_{\mathrm{o}}} \right) \tag{5-14}$$

$P_{\mathrm{m}(0201)}$ 和 $P_{\mathrm{m}(0201)}^{*}$ 分别为与主体箱板和端板同材质的 0201 型纸箱的抗压强度（N），可按凯里卡特公式计算。L_{o} 和 B_{o} 分别为纸箱长度和宽度外尺寸。

瓦楞纸箱的抗压强度预测公式还有许多，如 Maltenford 公式、Wolf 公式、APM 公式、Urbanik 公式等。

瓦楞纸箱的抗压强度除了用预测公式计算外，通常采用压缩试验的方法获得其精确值。

除了抗压强度设计外，瓦楞纸箱连同内容产品和缓冲包装形成的包装件，有时还需进行抗冲击强度设计。纸箱的抗冲击能力包括跌落冲击和水平冲击两方面的评价，应从其内装产品的性质、包装防护方式以及物流环境条件等综合考虑。目前，还没有理论上的简单的抗冲击强度设计式，一般需用有限元方法进行分析和设计。实际通常用跌落冲击和水平冲击实验对瓦楞纸箱进行抗冲击强度校核。

三、瓦楞纸箱尺寸设计

瓦楞纸箱规格尺寸长、宽、高（L、B、H）选择应考虑以下因素：

（1）纸箱外尺寸应以产品尺寸和包装模数为基准，应与托盘等单元货物尺寸、集装箱尺寸、运输工具尺寸等相匹配，合理利用运输空间，提高装载率和物流效率。

（2）纸箱的外尺寸选取还需基于用材最省、抗压强度最高、堆码稳定性好和造型美观等原则。从用材最省原则出发，0201 型纸箱的理想长宽高比为 2：1：2；从抗压强度最高原则出发，0201 型纸箱的理想长宽比在 1.4：1 附近；从堆码强度和稳定性综合考虑，长宽比 1.5：1 比较理想；从造型美观考虑，理想长高比为 1.618：1[50]。因此，实际的最佳尺寸应综合平衡各方面因素，根据产品具体情况加以选取。我国国家标准《GB/T 6543 运输包装用单瓦楞纸箱和双瓦楞纸箱》规定，瓦楞纸箱长宽比一般不大于 2.5，高宽比一般不大于 2、不小于 0.15。

（3）纸箱的规格通常用内尺寸、展开尺寸（或制造尺寸）或外尺寸表示，注意这三种尺寸间的关系及其公差。

第七节　外包装容器设计——木包装箱

木包装箱是一种重要的外包装容器，其结构复杂，种类较多，常应用于机电产品、陶瓷建材、五金电器、精密仪器仪表等产品的外包装。

一、木包装箱分类

按内装产品重量和尺寸，木包装箱分小型、中型和大型箱。按结构特征，木包装箱分为普通木箱、滑木箱、框架木箱和其他木质包装箱。按内装产品在箱内的载荷情况和流通环境条件的不同分为一级和二级木包装箱。

1. 普通木箱

一般，普通木箱内装产品质量在 200kg 以下，内尺寸长、宽、高之和在 2.6m 或体积 1m³ 以下。木箱由侧面、端面、底和盖组成，各部分名称见图 5-18（参见国家标准《GB/T 12464 普通木箱》）。

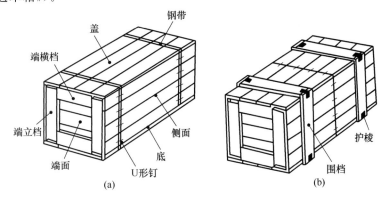

图 5-18　木箱各部分的名称

（a）没有围档的木箱　（b）带围档（由盖档、侧档和底档构成）的木箱

我国国家标准《GB/T 12464 普通木箱》将普通木箱按端板和端档结构的不同分为

5 类，结构见图 5-19，适用范围见表 5-7。

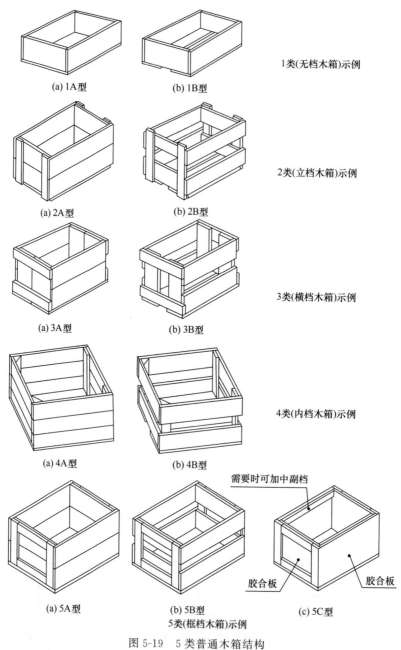

(a) 1A 型　　　(b) 1B 型

1 类(无档木箱)示例

(a) 2A 型　　　(b) 2B 型

2 类(立档木箱)示例

(a) 3A 型　　　(b) 3B 型

3 类(横档木箱)示例

(a) 4A 型　　　(b) 4B 型

4 类(内档木箱)示例

需要时可加中副档

胶合板　　　胶合板

(a) 5A 型　　　(b) 5B 型　　　(c) 5C 型

5 类(框档木箱)示例

图 5-19　5 类普通木箱结构

2. 滑木箱

滑木箱是中型木包装箱，适合于机电产品等的外包装，也用于小件产品的集装。一般，其内装产品质量在 1500kg 以下，箱的外尺寸长 6.0m、宽 1.5m、高 1.5m 以下。滑木箱按其箱板的铺法和结构的不同，分为 2 类，见表 5-8。各类型滑木箱的结构见图 5-20（参见国家标准《GB/T 18925 滑木箱》）。

3. 框架木箱

框架木箱是大型木包装箱，适合于机械设备和大型产品的外包装，其内装产品的质量和尺寸通常按物流环境确定。一般而言，其内装产品质量在 0.5～40t，箱的外尺寸长12.0m、宽5.0m、高5.0m以下。框架木箱按其箱板的铺法、组装方式等分为3类6种型式，见表5-9，其结构型式见图5-21（参见国家标准《GB/T 7284 框架木箱》）。

表 5-7　普通木箱分类

类型		箱板铺法	适用范围	主要特点
1类	1A型	封闭箱	内装物质量20kg以下，且箱体内尺寸长、宽、高之和不大于1300mm、内高不大于250mm的二级木箱	端面为一块整板、无箱档
	1B型	花格箱		
2类	2A型	封闭箱	内装物质量150kg以下	端面的外侧用立档加强
	2B型	花格箱		
3类	3A型	封闭箱	内装物质量150kg以下	端面的外侧用横档加强
	3B型	花格箱		
4类	4A型	封闭箱	内装物质量150kg以下	端面的内侧用立档加强
	4B型	花格箱		
5类	5A型	封闭箱	内装物质量200kg以下	端面的外侧用立档与横档加强
	5B型	花格箱		
	5C型	胶合板封闭箱	内装物质量150kg以下	

表 5-8　滑木箱分类

类型		箱板铺法	适用范围
1类（横板式）	1A型	木板封闭箱	A型和C型主要用于需要防水、防潮的内装物，或用于防止内装物脱落时；B型主要用于不需要防水、防潮，且只需局部保护的内装物
	1B型	木板花格箱	
	1C型	胶合板封闭箱	
2类（立板式）	2A型	木板封闭箱	
	2B型	木板花格箱	

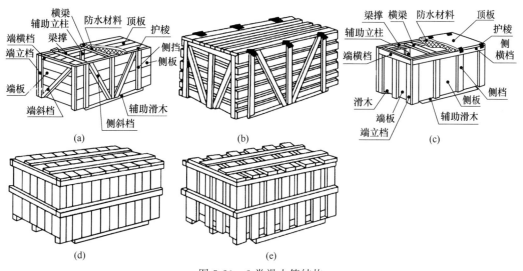

图 5-20　2类滑木箱结构

（a）1A型滑木箱　（b）1B型滑木箱　（c）1C型滑木箱　（d）2A型滑木箱　（e）2B型滑木箱

其他木质包装箱有托盘围板箱、拼装式和拆装式胶合板箱等。

表 5-9 框架木箱分类

类型		箱板铺法	组装方式	适用范围
1 类	1A 型	木板封闭箱	钢钉组装	用于需要防水、防潮等防护的内装物，或需防止内装物脱落时
	1B 型		螺栓组装	
2 类	2A 型	胶合板封闭箱	钢钉组装	螺栓组装是在需要容易开箱或再组装时使用
	2B 型		螺栓组装	
3 类	3A 型	木板花格箱	钢钉组装	用于不需防水、防潮等防护的内装物。螺栓组装是在需要容易开箱或再组装时使用
	3B 型		螺栓组装	

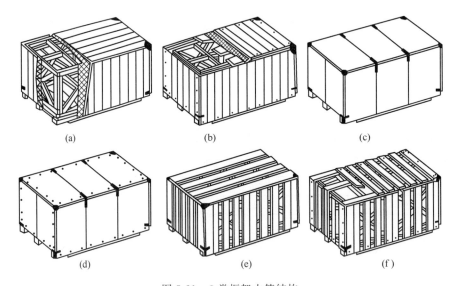

图 5-21　3 类框架木箱结构

(a) 1A 型　(b) 1B 型　(c) 2A 型　(d) 2B 型　(e) 3A 型　(f) 3B 型

二、滑木箱设计

1. 滑木箱结构

　　滑木箱结构由底座、两个侧面、两个端面和顶盖组成，见图 5-20。底座、侧面、端面和顶盖可以预制，在装箱现场组装。用钢钉或螺栓组装时，先将两个端面组装在底座上，再将两个侧面分别组装在底座和两个端面上，最后将顶盖组装在侧面和端面上。

　　底座的构件有滑木、辅助滑木、端木、枕木、底板，见图 5-22。侧面结构的构件有侧档、辅助立柱、斜档、梁撑、侧板，端面结构的构件有端立档、端横档、端斜档、端板，顶盖的构件有横梁和顶板。侧面结构和端面结构可见图 5-20。国家标准《GB/T 18925 滑木箱》对底座构件、顶盖构件、侧面箱档和端面箱档的布置等都有具体的规定。

　　2. 滑木箱强度设计

　　滑木箱强度设计主要涉及起吊强度、堆码强度和抗冲击强度等。

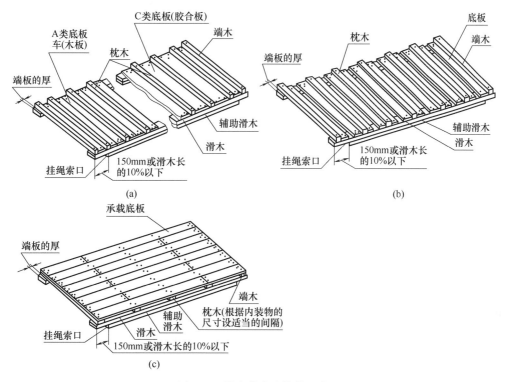

图 5-22　滑木箱底座结构型式

（a）A 型和 C 型滑木箱底座结构型式　（b）B 型滑木箱底座结构型式　（c）滑木箱底座的另一种结构型式

（1）滑木箱起吊强度

滑木箱起吊时，绳索从两端吊起底座的滑木。内装产品重量直接作用在底座的枕木上，枕木的力传递作用于滑木，滑木是重要的受力构件，滑木和侧面结构联合（严格说应是滑木箱整体结构）抵抗起吊时滑木箱的变形。另外，起吊绳索还在箱顶挤压顶盖，使顶盖横梁受压。

通过上述滑木箱起吊时的力学分析，就可得出滑木箱起吊强度设计方法如下：

① 底座枕木的强度设计可按受弯简支梁设计处理。梁跨距为两底座滑木的内间距，载荷视内装产品的重力作用而定，一般可处理成均布载荷。

② 底座滑木与侧面结构的强度设计可按组合梁结构设计处理。滑木和侧档、侧板、梁撑、侧横档等联合形成一整体结构，承受由底座枕木传递至滑木的产品重力载荷。滑木可视为一根梁，梁撑联合侧横档也视为一根梁，这两根梁通过侧档（拉压杆）形成组合梁结构。枕木传递的重力作用可看成分布载荷作用于滑木上，起吊载荷作用于滑木上，作用点视起吊点而定。

③ 顶盖横梁可按受压杆设计处理。起吊时顶盖横梁受压，压缩载荷可由起吊时绳索力计算得到。

④ 特别注意，滑木箱起吊时应尽量缓慢加速，产品载荷才可按静载荷处理，否则，这是一个动载荷问题。在滑木箱刚起吊的一瞬间，有一起吊加速度 a，产品动载荷可按下

113

式计算。起吊一瞬间对滑木箱结构来说是最危险的。

$$P_\mathrm{d}=k_\mathrm{d}mg=\left(1+\frac{a}{g}\right)mg \qquad (5\text{-}15)$$

（2）滑木箱堆码强度

滑木箱中承受箱上货物重力作用的主要构件为顶盖的顶板和横梁、侧面结构的侧档和辅助立柱。当顶板上堆放小尺寸货物时，货物重力通过顶板传递作用于横梁，再传递作用给两个侧面结构；当顶板上部货物尺寸很大时，货物重力主要作用于两个侧面结构的侧档和辅助立柱。作用于顶盖横梁载荷称为顶盖载荷，按顶盖面积计，规定一级滑木箱载荷集度为 4.0kPa，二级滑木箱载荷集度为 2.7kPa；作用于侧面结构的载荷称为堆码载荷，按顶盖面积计，规定一级滑木箱载荷集度为 10.0kPa，二级滑木箱载荷集度为 6.7kPa。

通过上述滑木箱承受箱上货物重力作用的力学分析，就可得出滑木箱堆码强度设计方法如下：

① 顶盖横梁的强度设计可按受弯简支梁设计处理。梁跨距为两侧面结构的内间距，载荷视为均布载荷，按一级滑木箱载荷集度 4.0kPa、二级滑木箱载荷集度 2.7kPa 计算得到。

② 侧面结构的侧档和辅助立柱的强度设计可按受压杆设计处理。可将侧档和辅助立柱视为同一受压构件，压缩载荷可按一级滑木箱载荷集度 10.0kPa、二级滑木箱载荷集度 6.7kPa 计算得到。

（3）滑木箱冲击强度

除了静态强度设计外，滑木箱按实际和客户需要还要进行抗冲击强度设计，以确保其整体抗冲击性能。滑木箱的抗冲击能力一般从跌落冲击和水平冲击两方面进行评价，应从其内装产品的性质、包装防护方式以及物流环境条件等综合考虑。滑木箱抗冲击强度设计需借助有限元方法进行，但实际上，一般通过跌落冲击和水平冲击实验对其进行抗冲击强度校核。

3. 尺寸设计与箱内产品固定

滑木箱尺寸设计应考虑：第一，原则上，根据产品尺寸、质量和装箱数量，考虑产品固定、产品与箱体间隙或缓冲、立柱和枕木等厚度后确定箱体内尺寸，考虑各相关构件厚度后确定箱体外尺寸。国家标准《GB/T 18925 滑木箱》按内装产品的质量和尺寸，对滑木箱各构件尺寸都有具体的规定，可供参考。第二，滑木箱用叉车装卸时，辅助滑木或垫木设计要考虑叉车货叉的插口位置和尺寸；滑木箱中部挂绳索起吊时，辅助滑木中部需留挂绳索口位置和尺寸。

内装产品应用螺栓等紧固件和/或压杠、档块、撑杆、钢带、钢丝等牢牢固定，内装产品与加固材料的接触部分要用缓冲材料保护，固定部位的选择要考虑对内装产品的影响。

三、框架木箱设计

1. 框架木箱结构

框架木箱也是由底座、两个侧面、两个端面和顶盖组成，详细结构见图 5-23。但框架木箱在结构上与滑木箱有显著区别：框架木箱的侧面和端面均为桁架结构；骨架结构全部布置在内侧，箱板布置在外侧，侧面和端面箱板为竖板。框架木箱组装时，先将两个侧面组装在底座上，再将两个端面分别组装在底座和两个侧面上，最后将顶盖组装在侧面和端面上。

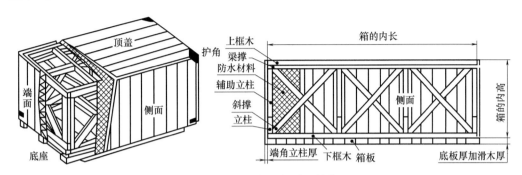

图 5-23 框架木箱详细结构

框架木箱底座结构与滑木箱类似，也是由滑木、辅助滑木、端木、枕木和底板组成；框架木箱侧面和端面结构由框架（桁架）、箱板、辅助立柱、梁撑组成。框架由上框木、下框木、立柱和斜撑构件构成，较大的框架在上框木与下框木之间设有平撑。梁撑是顶盖中横梁的支座，它钉在立柱和斜撑上；框架木箱顶盖与滑木箱类似，也是由横梁和顶板组成，较长的横梁间要另布置梁撑。国家标准《GB/T 7284 框架木箱》对底座、顶盖、侧面和端面布置等都有具体的规定。

2. 框架木箱强度设计

与滑木箱强度设计类似，框架木箱强度设计主要涉及起吊强度、堆码强度和抗冲击强度等。

（1）框架木箱起吊强度　框架木箱起吊时，内装产品重力直接作用于底座枕木，并传递作用于底座滑木和两侧面框架，滑木和侧面框架联合（严格说应是框架木箱整体结构）抵抗起吊时框架木箱的变形。此外，起吊绳索还在箱顶挤压顶盖，使顶盖横梁受压。

框架木箱起吊强度设计方法如下：

① 底座枕木的强度设计与滑木箱相同，可按受弯简支梁设计处理。

② 对于有斜撑的侧面框架，底座滑木与侧面框架的强度设计可按梁—桁架组合结构设计处理。滑木和侧面框架联合形成梁-桁架组合结构，承受由底座枕木传递至滑木的产品重力载荷。枕木传递的重力作用可看成分布载荷作用于滑木梁上，起吊载荷作用于滑木梁上，作用点视起吊点而定。

③ 对于无斜撑的侧面框架，底座滑木与侧面框架的强度设计可按组合梁结构设计处理。当箱内高小于 65cm 时，侧面框架无法布置斜撑，滑木和相联结的下框木可视为一根梁，上框木也视为一根梁，这两根梁通过立柱（拉压杆）形成组合梁结构，承受由产品重力传递来的载荷。

④ 顶盖横梁设计与滑木箱相同，可按受压杆设计处理。

⑤ 同样要注意，与滑木箱相同，框架木箱起吊时应尽量缓慢加速，产品载荷才可按

静载荷处理，否则，应按动载荷计算。

（2）框架木箱堆码强度 框架木箱堆码强度分析与滑木箱类似，但规定的顶盖载荷和堆码载荷有所不同。规定一级框架木箱顶盖载荷集度为 4.5kPa，二级为 3.0kPa。堆码载荷按内装产品质量大小进行了规定。当产品质量小于等于 10t 时，一级和二级框架木箱堆码载荷集度分别规定为 10.0kPa 和 6.7kPa，与滑木箱相同；当产品质量大于 10t 小于等于 20t 时，一级和二级分别为 15.0kPa 和 10.0kPa；当产品质量大于 20t 小于等于 40t 时，一级和二级分别为 20.0kPa 和 13.3kPa。

框架木箱堆码强度设计方法如下：

① 横梁、梁撑的强度设计按受弯简支梁设计处理，但载荷按一级框架木箱载荷集度 4.5kPa、二级框架木箱载荷集度 3.0kPa 计算得到。

② 侧面框架与底座滑木的强度设计可按梁—桁架组合结构或组合梁结构设计处理，载荷按框架木箱堆码载荷集度规定计算得到。

（3）框架木箱冲击强度 框架木箱按实际和客户需要也要从跌落冲击和水平冲击两方面进行抗冲击强度设计。由于抗冲击强度设计的复杂性，实际操作中，通过跌落冲击和水平冲击实验对其进行抗冲击强度校核。

3. 尺寸设计与箱内产品固定

框架木箱尺寸设计考虑、箱内产品固定与滑木箱类同，在这里不再展开讨论，可参考国家标准《GB/T 7284 框架木箱》。

较为精确的木包装箱静动态分析、强度设计和优化需要应用有限元技术进行，有兴趣的读者可参阅相关文献。这里给出一个木包装箱强度设计的有限元分析模型，见图 5-24，供参考[54]。

图 5-24　木包装箱有限元分析模型

第八节　外包装容器设计——塑料运输包装容器

塑料运输包装容器具有重量轻、强度好、耐冲击、耐腐蚀、易成型加工等优点，广泛应用于食品、化妆品、化学用品、医药用品等产品运输包装。

一、塑料运输包装容器分类与结构

按所用材料分，主要有聚乙烯、聚丙烯、聚苯乙烯、聚氯乙烯、聚酯、聚碳酸酯等塑料包装容器。

按容器成型方法分，主要有吹塑成型、挤出成型、注射成型、拉伸成型、滚塑成型、真空成型等塑料包装容器。

按容器结构特征分，主要有塑料箱、塑料桶、塑料瓶罐、塑料盒、塑料袋、塑料软管、集装容器和托盘等。

常用的塑料运输包装容器有以下几种：

（1）塑料桶　主要采用聚乙烯、聚丙烯等塑料吹塑、注塑而成，常用于化工、农药、医药、食品、危险品等行业液体、粉体产品的外包装。塑料桶大多为圆形和方形，容积一般从几升到200L不等，塑料集装桶容积大，可达1200L。

（2）塑料周转箱　是用于盛装物品，可循环周转使用的塑料容器，主要以聚乙烯、聚丙烯为原料注塑而成，广泛用于产品运输和生产流通。有些塑料周转箱还配套了箱盖（平盖与翻盖），有些还设计成折叠型和斜插型。周转箱规格尺寸（长×宽）优先数系为：600mm×400mm、400mm×300mm、300mm×200mm，高度优先数系为：120mm、160mm、230mm、290mm、340mm。

（3）塑料散货箱　作为盛装散货和便于集装储运的塑料容器，近几年得到了快速发展，广泛应用于各行各业的产品储运。散货箱尺寸从800mm×600mm到2000mm×1400mm不等。按承载能力分为轻载、中载和重载三种类型，按结构可分为折叠式、直壁式和套装式。

（4）钙塑瓦楞箱　以聚乙烯、聚丙烯等树脂为基料，添加碳酸钙、硫酸钙或亚硫酸钙等无机钙盐，加入各种助剂，经压延热粘成钙塑双面单瓦楞板（钙塑板），再按瓦楞纸箱的制作方法制造成型的可折叠式塑料箱，具有质轻、强度高、防潮、耐水、无毒、不虫蛀、美观等特点，适于精密仪器、电子器件、家用电器、军用品及玻璃陶瓷制品的外包装。与瓦楞纸箱类似，钙塑瓦楞箱分单瓦楞、双瓦楞和多瓦楞箱，瓦楞纸箱各种箱型均适用于钙塑瓦楞箱。

（5）中型散装容器　也称塑料集装桶、复合式中型散装容器（Intermediate Bulk Container, IBC），如图5-25所示。它是由钢质结构外框架和刚性塑料内容器及其辅助装置构成的整体容器，适用于盛装液体产品，特别是适合于危险品运输，安全性较高，操作方便。中型散装容器的内容器采用高密度聚乙烯制成，外框架由镀锌钢

图5-25　中型散装容器示例

管焊接而成，底盘根据其采用的材料可分为钢底盘、钢木复合底盘、木底盘、钢塑底盘和全塑底盘等。中型散装容器规格有820L、1000L和1200L三种。按盛装的液体产品类别，分为Ⅱ类、Ⅲ类危险货物和非危险货物包装用中型散装容器。

二、塑料运输包装容器结构设计

塑料运输包装容器要获得优良的性能，需从塑料的物理化学性能、加工成型工艺、容器形状结构等方面加以考虑，塑料运输包装容器结构设计包括了形状结构和工艺结构两方面的设计。形状结构考虑的因素有：形状、结构、尺寸、开孔、螺纹、精度、表面粗糙度等；工艺结构根据不同的成型工艺要考虑的因素有：容器壁厚、脱模斜度、支撑面、加强

筋、圆角、嵌入件、吹胀比、延伸比、深宽比等。

塑料容器在成型过程中，会有成型收缩。塑料材料不同，成型工艺不同，成型收缩率就不同，实际收缩率往往需要通过经验和试验获得。所以，塑料运输包装容器尺寸设计要考虑成型收缩率问题。

三、塑料运输包装容器性能设计

塑料运输包装容器性能要求主要涉及强度、密封性、耐疲劳、耐温性能要求等。

一般而言，用于储运的塑料运输包装容器对强度都会提出要求，主要为容器压缩、堆码、悬吊、提升、液压、跌落、水平冲击、振动等性能要求。对密闭容器，一般会有密封性、气密性等性能要求。

由于塑料运输包装容器结构相对复杂，很难获得适合于某类容器较精确的简易强度设计式，即使是容器抗压强度设计也是如此，更不要说跌落、冲击等动态设计了。有限元技术已在产品和工程结构的静动态强度分析方面得到了十分广泛应用，可以用来对塑料运输包装容器的静动态强度进行分析和优化设计。

尽管精确的静动态强度设计比较困难，利用实验技术对塑料运输包装容器的静动态强度进行校核却是较容易做得到的，包括密封性等其他性能的校核。工程实践中，针对某一类塑料运输包装容器的使用性能要求，一般设计一组实验进行校核和校验。譬如，对中型散装容器，设计了一组试验项目对其使用性能进行校验，如表 5-10 所示。

表 5-10　　　　　　　　　　　中型散装容器性能校验试验

序号	实验项目	Ⅱ类危险货物容器	Ⅲ类危险货物容器	非危险货物容器	校验要求
1	底部提升试验	提升放下两次			内装物无损失，没有影响安全运输的永久变形
2	顶部提升试验	垂直提升，保持 5min 45°提升，保持 5min			内装物无损失，没有影响安全运输的永久变形
3	堆码试验	堆码载荷的 1.8 倍			内装物无损失，没有影响安全运输的永久变形
4	气密试验	20kPa			不泄露
5	液压试验	100kPa，保持 10min	100kPa，保持 10min	60kPa，保持 10min	不泄露，没有影响安全运输的永久变形
6	跌落试验（拟装物相对密度 d 不超过 1.2）	1.2m	0.8m	0.8m	内装物无损失。若跌落后有少量内装物从封口渗漏，只要无进一步渗漏，判定合格
	跌落试验（拟装物相对密度 d 大于 1.2）	$d \times 1.0$m	$d \times 0.67$m	$d \times 0.67$m	
7	振动试验	正弦振动 1h，振幅 25 mm，使用的频率应造成样品底部的一部分与振动台出现振动空隙			无泄露和破裂。结构部件无破损或失灵

第九节　外包装容器设计——金属运输包装容器

金属运输包装容器由金属薄板制造而成，具有机械性能好、阻隔性优异、易于加工成型和自动化生产等优点，广泛应用于食品、医药品、化工品、日用品、仪器仪表、工业品、军品等产品的运输包装。

一、金属运输包装容器分类

根据容器结构形状和容积大小，金属包装容器可分为金属桶、金属箱、金属罐、金属盒、金属筐、金属软管等，其所用材料主要有镀锡薄钢板（马口铁）、镀铬薄钢板（无锡薄钢板）、镀锌薄钢板（白铁皮）、低碳薄钢板（黑铁皮）、铝合金薄板、铝箔等。

（1）金属桶是较大的圆柱形、长方形、椭圆柱形等金属包装容器（图5-26），用于大中型运输包装，主要采用低碳薄钢板、镀锌薄钢板和铝合金薄板制成。其结构形式主要有：全开口桶、闭口桶、圆锥颈桶、方锥颈桶、异形顶桶、缩颈桶、提桶等。

图 5-26　金属桶示例

（2）金属箱为长方形的金属包装容器（图5-27），主要采用钢板和铝合金板材制成，多用于军品、仪器仪表的外包装。铝合金箱常见的有：仪器箱、工具箱、设备箱、医药箱、航空运输箱等。

图 5-27　金属箱示例

（3）金属罐、金属盒是容量较小金属包装容器，也是食品、饮料常见的包装形式。常用的金属运输包装容器主要是金属桶和金属箱。

二、金属桶（钢桶）

金属桶一般指用大于 0.5mm 的金属板制成的容量大于 20L 的金属包装容器，常用于装载液体、半流体和粉体、块体、颗粒体等固体物料。按材料可分为钢桶、铝桶和钢塑复合桶等。钢桶是最常用的金属运输包装容器。

1. 钢桶的分类与结构

钢桶主要由桶身、桶底和桶顶（桶盖）组成。

钢桶按性能要求分为Ⅰ级钢桶、Ⅱ级钢桶和Ⅲ级钢桶。Ⅰ级钢桶适合于装载危险性较大的货物，Ⅱ级钢桶适合于装载危险性中等的货物，Ⅲ级钢桶适合于装载危险性较小的货物和非危险货物。

钢桶按开口型式分为开口钢桶和闭口钢桶，如图 5-28 和图 5-29 所示。开口钢桶顶盖可拆卸；闭口钢桶的桶盖和桶底永久固定在桶身，桶盖上带有注入口、透气口等。

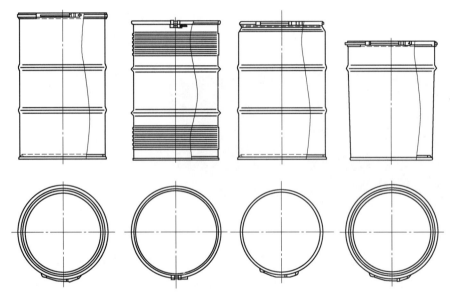

图 5-28　开口钢桶结构示意

钢桶的规格尺寸已标准化，参见国家标准系列 GB/T 325.1—5《包装容器　钢桶》。开口钢桶按容量分为 25、35、45（缩颈式）、50、63（缩颈式）、80、100、200、208、210、216.5L 等系列，闭口钢桶按容量分为 20、25、50、80、100、200、212、216.5、230L 等系列，国家标准 GB/T 325 系列对桶内外径、桶高、环筋间距、注入口和透气口位置等都有具体规定。

2. 钢桶的技术要求

钢桶制作通常是将桶身、桶底和桶盖分别加工好，后经封口组合而制成。常用的封口卷边有二重卷边和三重卷边，将桶身及桶底（或桶顶）凸缘周边涂上密封胶并用卷边机将它们互相卷曲钩合形成卷边封口。钢桶的主要技术要求为：

（1）钢桶用钢板应符合相关国家标准的规定，也可按客户要求而定。桶身、桶顶和桶

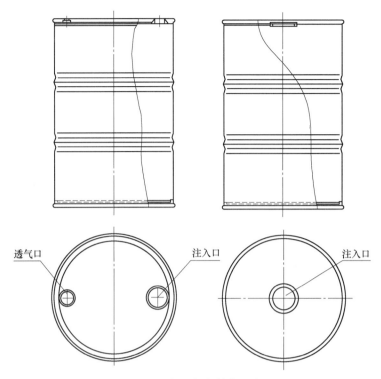

透气口　　　　　　注入口　　　　　　注入口

图 5-29　闭口钢桶结构示意

底均应由整张钢板制成，不应拼接，钢板厚度应满足强度要求。

（2）桶身焊缝采用电阻焊焊接。桶身型式可采用下列之一：①无环筋无波纹；②具有2道环筋；③两端具有3～7道波纹；④具有2道环筋，环筋至桶顶、桶底之间具有3～7道波纹；⑤也可采用其他加强结构，如3道环筋。采用环筋和波纹是为了提高桶体的强度，节省桶体材料。

（3）卷边密封料应采用密封性好、与内装物相适应的耐热、耐候、耐久和抗溶性材料。

（4）钢桶封闭器分为嵌入式法兰封闭器、非嵌入式封闭器和箍式封闭器，如图5-30所示。钢桶封闭器要确保钢桶桶口的密封性能，参见国家标准《GB/T 13251 包装　钢桶封闭器》。

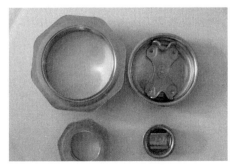

图 5-30　钢桶封闭器示例

（5）钢桶内、外面应按需要涂、镀保护层，外涂料应采用附着力强、耐候和耐久性好的材料，内涂料应采用与内装物相适应的材料。直接接触内装食品和药品的卷边密封料、封闭器系统和内涂料还应符合食品安全相关规定的要求。

3. 钢桶性能设计

钢桶性能要求主要涉及强度和密封性要求等。

有限元技术可以用来对钢桶的堆码和跌落进行分析和强度设计。工程实践中，针对钢桶的使用性能要求，设计了如下一组试验项目对其使用性能进行校验，如表 5-11 所示。

表 5-11　　钢桶性能校验试验

序号	实验项目	闭口钢桶			开口钢桶			校验要求
		Ⅰ级	Ⅱ级	Ⅲ级	Ⅰ级	Ⅱ级	Ⅲ级	
1	气密试验/kPa	≥30	≥20		—			保压 5min 不泄漏
2	液压试验/kPa	250	液压试验压力应不小于内装物在50℃时的蒸汽压力的 1.75 倍减去 100kPa,但最小不小于 100kPa		—			保压 5min 不泄漏
3	堆码试验/N	按陆运 3m、海运 8m 堆码高度计算堆码载荷,试验时间为 24h						无明显变形与破损
4	跌落试验(拟装物相对密度 d 不超过 $1.2g/cm^3$)/m	1.8	1.2	0.8	1.8	1.2	0.8	闭口钢桶:达到内外压平衡后不渗漏
	跌落试验(拟装物相对密度 d 大于 $1.2g/cm^3$)/m	$d×1.5$	$d×1.0$	$d×0.67$	$d×1.5$	$d×1.0$	$d×0.67$	开口钢桶:不撒漏或破损

第十节　集装单元的作用和分类

这一节开始讨论集装单元设计，先讨论集装单元的作用和分类。

一、集装单元的概念

集装单元又称集合包装或组合包装，指用各种不同的方法和器具，将一定数量的产品或包装件集装形成一个合适的作业单元，便于物流的装卸搬运、储存和运输。集装单元适合长途、大批量物流，已成为高速、高效物流的最有效途径。以集装单元为基础的物流活动方式称为集装单元化，它是物流现代化的标志。

二、集装单元化的特点和作用

集装单元化是实现物流标准化和批量化的前提和基础，集装单元化具有以下特点和作用：

（1）标准化、通用化、配套化和系统化　通过货物单元、集装器具、装卸机械和运输工具等的标准化、通用化、配套化和系统化，便于实现物流作业全过程的机械化、自动化、智能化与信息化。物流各环节衔接、产品信息传递流畅，易于检验产品数量，便于清点交接。

（2）有效、可靠保护产品 集装单元作为一个整体，牢固可靠，包装紧密，可有效、可靠保护产品，防止产品的破损、污损和丢失。

（3）提高物流效率 集装单元整体装卸储运，物流作业全过程的机械化、自动化与智能化大大提高了物流效率，降低了劳动强度。

（4）节省包装材料和储运空间 采用集装单元可降低产品包装用料，节省包装费用。从总体上提高了仓储和运输空间利用率，降低了储运成本。

三、集装单元分类

集装单元种类很多，主要有集装箱、托盘、捆扎、集装网袋、集装架、滑板、半挂车等。后面将分别对托盘和集装箱进行具体讨论。

第十一节 集装单元设计——托盘

托盘是用于集结、堆存产品以便于装卸和搬运的水平板器具，其最低高度应能适应托盘搬运车、叉车和其他适用的装卸设备的搬运要求。托盘本身可以设置或配装上部构件。托盘为物流中重要的装卸搬运、储存和运输器具，与叉车配套使用，在现代物流中发挥着巨大的作用。

一、托盘分类与结构

按结构，托盘分为平托盘和带有上部结构的托盘两大类。带有上部结构的托盘又可分为立柱式托盘、箱式托盘、罐式托盘、笼式托盘、特种专用托盘等。

1. 平托盘

平托盘是集结、堆存产品的水平板（图5-31），其使用范围最广，使用数量最大，通用性最好。根据台面，平托盘有单面托盘、双面托盘和翼型托盘之分，或有单面使用托盘和双面使用托盘之分；根据叉车叉入方式，有单向叉入型、双向叉入型、四向叉入型等。

2. 立柱式托盘

立柱式托盘是带有用于支撑堆码货物的立柱的托盘，分为固定式、可折式和可卸式三种，可以装配可拆卸式联杆或门，多用于包装物料、线材、棒材、管材等的集装。

3. 箱式托盘

箱式托盘是四面带有侧板构成箱状的托盘，包括整板式、栅式和网式三种结构形式。箱板有固定式、可折式和可卸式三种，有的箱体上有顶板，有的没有顶板。箱式托盘多用于散件、散状物料等的集装，其防护能力强，可防止塌垛和货损。

4. 罐式托盘

通常称为"中型散装容器"，是一种四周密封的箱式托盘，装有密封盖，卸货时可从

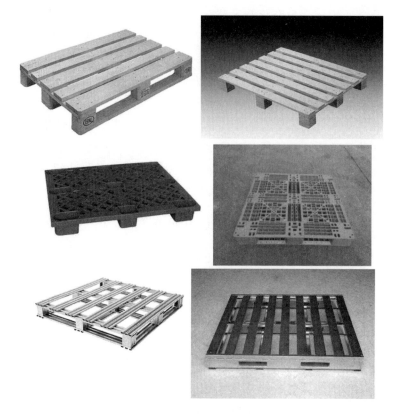

图 5-31　平托盘示例

底部的排出口排出或顶部吸出。通常用于装运液体和气体货物。

5. 笼式托盘

笼式托盘是带有立杆或联杆加强的网式壁板的托盘，在一侧或多侧设有用于装卸货物的门。

6. 特种专用托盘

由于托盘作业效率高、安全稳定，在一些特定场合会使用多种多样的专用托盘。如油桶专用托盘、平板玻璃集装托盘、轮胎专用托盘、长尺寸物托盘等。图 5-32 所示为若干托盘示例。

按制作材料，托盘可分为木托盘、塑料托盘、金属托盘、纸托盘、复合材料托盘等。其中，木托盘约占 90%，塑料托盘占 8%，钢托盘、复合材料托盘以及纸托盘合计占 2%。

二、托盘规格尺寸

物流中托盘规格很多，国际上对托盘规格尺寸有统一规定，便于国际物流和贸易的标准化。一般用托盘的长和宽来标注其规格。国际标准化组织在《ISO 6780：2003 国际物料搬运平托盘　主要尺寸及公差》中规定了 6 种托盘平面尺寸规格，即 1219mm × 1016mm（48in × 40in）、1200mm × 1000mm、1200mm × 800mm、1140mm × 1140mm、1100mm × 1100mm、1067mm × 1067mm。我国在《GB/T 2934—2007 联运通用平托盘　主

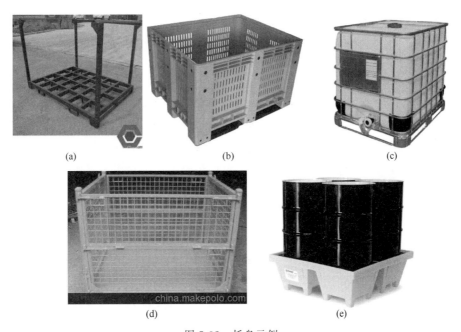

图 5-32　托盘示例

（a）立柱式托盘　（b）箱式托盘　（c）罐式托盘　（d）笼式托盘　（e）油桶专用托盘

要尺寸及公差》中将托盘平面尺寸规格确定为两种，即 1200mm×1000mm 和 1100mm×1100mm，其平面尺寸的制造公差为＋3～－6mm。

三、托盘上产品（包装件）堆码与固定

1. 产品（包装件）堆码

托盘上的产品（包装件）堆码方式涉及托盘集装单元的稳定性、耐压性和空间利用率。产品（包装件）堆码方式主要有重叠式、正反交错式、纵横交错式、旋转交错式 4 种（见图 5-33），还有其他如骑缝式、纵竖式、竖立式、装配式和通风式等。

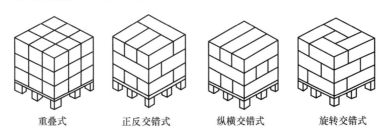

| 重叠式 | 正反交错式 | 纵横交错式 | 旋转交错式 |

图 5-33　产品（包装件）堆码方式

堆码方式对托盘集装单元的性能影响，一般而言，重叠式堆码耐压性和空间利用率高，但稳定性较差；旋转交错式堆码稳定性好，但空间利用率较低；正反交错式和纵横交错式堆码稳定性、耐压性和空间利用率均较好。

国家标准《GB/T 4892—2008 硬质直方体运输包装尺寸系列》基于托盘尺寸和标准模数尺寸，推荐了由 600mm×400mm 模数尺寸计算形成 1200mm×1000mm 托盘集装单

元的 21 种硬质立方体包装容器尺寸，由 550mm×366mm 模数尺寸计算形成 1100mm×1100mm 托盘集装单元的 18 种硬质立方体包装容器尺寸，提供了相应的堆码方式图谱，为实际产品托盘集装单元的堆码设计提供了参考。

2. 包装件固定

托盘集装单元包装件的固定方法主要有捆扎和裹包，而裹包主要通过拉伸缠绕包装或收缩包装来实现。

（1）捆扎紧固 应根据产品的特点和储运条件选择适合的捆扎带和捆扎结构。捆扎带包括金属捆扎带和非金属捆扎带，钢带和塑料打包带为最为常用的捆扎带。捆扎方式有水平捆扎和垂直捆扎，垂直捆扎是将包装件与托盘捆在一起，分主要捆扎、次要捆扎和辅助捆扎，见图 5-34。捆扎时捆扎带应平直，并具有合适的张力，捆扎带封合应牢固。

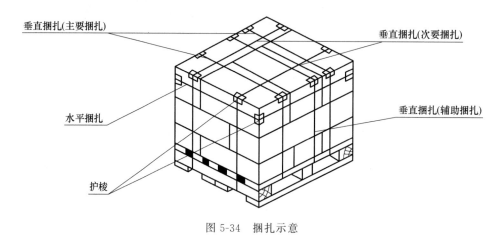

图 5-34　捆扎示意

（2）裹包紧固 拉伸缠绕包装紧固和收缩包装紧固的实现可参考前面讲过的拉伸缠绕包装技术或收缩包装技术部分内容。

托盘集装单元包装件的固定需要用到一些加固附件，如护棱、货罩、货盖、框架、支撑、隔板、板条、围框等。

对托盘集装单元包装件堆码与固定还要注意如下基本要求：

① 托盘集装单元货载应做到科学合理、安全可靠，满足装卸、运输和储存的要求。

② 托盘集装单元货载的尺寸及质量应与托盘尺寸及其承载能力相适应。应根据拟装产品的质量选择合适强度的托盘，应尽量减小货载的高度尺寸，一般托盘集装单元货载的重心高度不超过托盘宽度的三分之二。

③ 应根据货物类型、特点和储运方式确定货物在托盘上的堆码方式、固定方式及防护加固附件，应保证托盘单元货载能承受预定的物流冲击和振动等因素的影响。

④ 托盘承载表面积的利用率一般应不低于 80%。

四、托盘集装单元强度设计

托盘集装单元强度设计主要涉及货架强度、堆码强度、叉举强度、抗冲击强度和稳定性等，包括静态和动态两方面。

在载荷确定方面，需按托盘实际的工作状态，如货架、堆码、叉举、吊起、振动、跌落等状态确定托盘受到的静动态载荷形式和大小。在设计托盘集装单元整体稳定性方面，需确定托盘集装单元振动和水平冲击的载荷。

货架、堆码、叉举、吊起（叉举、吊起加速度较慢时）等状态可按静态进行分析设计。对木托盘而言，其铺板按受弯构件处理，垫块按受压构件处理，纵梁视实际情况按受压或受弯构件处理。对塑料托盘而言，需将托盘处理成一整体变形结构。

对于振动、跌落等动态状态，托盘需处理成一整体变形结构。托盘集装单元整体稳定性设计时，可将托盘处理成一刚体结构，集装货物处理成变形体系。

一般而言，需借助有限元方法进行托盘集装单元的静动态强度、刚度和稳定性分析与设计，可采用有限元软件或托盘专用软件进行托盘和托盘集装单元的建模、分析、设计和优化。

工程实践中，针对托盘的使用性能要求，通过抗弯试验、叉举试验、垫块或纵梁抗压试验、堆码试验、铺板抗弯试验、翼托盘抗弯试验、跌落冲击、垫块冲击试验等对其进行强度和刚度校核，国家标准对相应试验项目有详细的规定。可采用振动试验和水平冲击试验，校验托盘集装单元的整体稳定性。

第十二节　集装单元设计——集装箱

一、集装箱的概念和分类

1. 集装箱的概念

集装箱是一种供货物运输的大型装货容器，应具备以下条件：

① 具有足够的强度和刚度，在有效使用期内可反复使用。

② 适合于一种或多种运输方式载运，转运时箱内货物不需换装。

③ 设有便于快速装卸和搬运的装置，便于从一种运输方式转移到另一种运输方式。

④ 便于货物的装满和卸空。

⑤ 具有 $1m^3$ 及其以上的容积。

⑥ 按照确保安全的要求进行设计，并能防御无关人员轻易进入。

集装箱在现代物流中得到广泛应用，取得了巨大成功，其原因在于产品的标准化以及由此在全球范围内建立的一整套物流体系，包括船舶、港口、航线、公路、中转站、桥梁、隧道、多式联运等相配套的系统。

2. 集装箱的分类

集装箱种类很多（图 5-35），分类方法多种多样。

（1）按使用目的可分为　杂货集装箱、散货集装箱、液体货集装箱、冷藏集装箱，以及一些特种专用集装箱，如汽车集装箱、动物集装箱、通风集装箱等。

杂货集装箱是一种通用集装箱，主要用于运输一般杂货，适合各种不需要调节温度的货物使用。结构常为封闭式，一般在一端或侧面设有箱门，箱内设有一定的加固货物的装置；散货集装箱主要用于装载粉末、颗粒状等各种散货；液体货集装箱用于装载液体货物；冷藏集装箱用于装载冷冻、保温、保鲜货物，一般附有冷冻机设备，并在内壁敷设热传导率较低的材料。

（2）按结构可分为　固定式集装箱、折叠式集装箱、薄壳式集装箱等。固定式集装箱中还可分为封闭集装箱、开顶集装箱、框架集装箱、灌装集装箱等。

图 5-35　集装箱示例

（a）杂货集装箱　（b）开顶集装箱　（c）框架集装箱　（d）灌装集装箱　（e）折叠式集装箱

（3）按主体制造材料可分为　钢制集装箱、铝合金集装箱、玻璃钢集装箱、不锈钢集装箱、木集装箱等。

（4）按载重可分为　30、20、10、5、2.5t 集装箱等。

二、集装箱型号尺寸

为适合国际集装箱多式联运，国际化标准化组织（ISO）已对集装箱进行了标准化，ISO 标准和我国标准《GB/T 1413—2008 系列 1 集装箱　分类、尺寸和额定质量》《GB/T 35201—2017 系列 2 集装箱　分类、尺寸和额定质量》对系列 1 和系列 2 集装箱的型号、尺寸和额定总质量作出了规定。例如，系列 1 集装箱共 15 种规格，宽度统一为 2438mm（8ft）；长度有 5 种，即 13716mm（45ft）、12192mm（40ft）、9125mm（29ft-11 $\frac{1}{4}$ in）、6058mm（19ft-10 $\frac{1}{2}$ in）、2991mm（9ft-9 $\frac{3}{4}$ in）；高度有 4 种，即 2896mm（9ft-6in）、2591mm（8ft-6in）、2438mm（8ft）、小于 2438mm（8ft），见表 5-12。

表 5-12 系列 1 集装箱的型号、尺寸和额定总质量

集装箱型号	长度 L		宽度 W		高度 H		额定总质量	
	mm	ft-in	mm	ft	mm	ft-in	kg	lb
1EEE 1EE	13716	45			2896	9-6		
					2591	8-6		
1AAA AA 1A 1AX	12192	40			2896	9-6		
					2591	8-6		
					2438	8		
					<2438	<8		
1BBB 1BB 1B 1BX	9125	$29\text{-}11\frac{1}{4}$	2438	8	2896	9-6	30480	67200
					2591	8-6		
					2438	8		
					<2438	<8		
1CC 1C 1CX	6058	$19\text{-}10\frac{1}{2}$			2591	8-6		
					2438	8		
					<2438	<8		
1D 1DX	2991	$9\text{-}9\frac{3}{4}$			2438	8	10160	22400
					<2438	<8		

有些国家对车辆和装载货物的总长度和总高度载荷有法规限制

除了上述国际标准集装箱外，各国、各地区和各单位参照 ISO 标准还制定了适合于本国、本地区、本单位使用的标准集装箱。

三、集装箱标记及自动识别系统

1. 集装箱标记

集装箱标记是指为便于对集装箱在流通和使用中识别与管理，便于单据编制和信息传输而编制的集装箱代号、标志的统称。国际标准化组织（ISO）规定的标记有识别标记和作业标记两类，每一类标记中又分为必备标记和可选择性标记。

箱识别标记唯一标识了全球范围内的每一个集装箱，包括箱主代码（由 3 个大写拉丁字母组成）、设备识别码（1 个大写拉丁字母，U 代表所有集装箱，J 表示集装箱所配置的挂装设备，Z 表示集装箱拖挂车和底盘挂车）、箱号（由 6 个阿拉伯数字组成）和校验码（1 个阿拉伯数字）。

集装箱的外部尺寸和类型均应在箱体上标出以便识别，尺寸和箱型标记包括尺寸代码（由 2 位字符组成，第 1 位用数字或拉丁字母表示箱长，第 2 位用数字或拉丁字母表示箱宽和箱高）和箱型代码（由 2 位字符组成，第 1 位用拉丁字母表示箱型，第 2 位用数字表示该箱型的特征）。

上述箱识别标记、尺寸和箱型标记属于集装箱必备的识别标记，样例见图 5-36。

必备的作业标记包括最大总质量（MAX GROSS）和空箱质量（TARE）标记、空/

```
(箱主代码和设备识别码)    (箱号)   (校验码)

    ABZU      001234   ③

              22G1

              (尺寸代码)(箱型代码)
```

图 5-36　集装箱识别标记、尺寸和箱型标记示例

陆/水联运集装箱标记、箱顶防电击警示标记和箱高超过 2.6m（8ft-6in）的集装箱高度标记。可选择性作业标记为最大净货载（NET）等。图 5-37 所示为实际的集装箱标记例子。

图 5-37　集装箱标记示例

2. 自动识别系统

为提高运输效率和服务质量，实现集装箱运输的信息化和智能化，集装箱自动识别系统技术已成熟，性能也越来越稳定，已在海关物流监控系统、港务局集装箱管理系统、场站集装箱管理系统、加工区监管系统、运输行业集装箱管理系统等领域得到广泛应用。

1991 年，国际标准化组织集装箱技术委员会 ISO/TC 104 制定了《ISO 10374 集装箱　自动识别》这一标准，推动了集装箱自动识别技术的快速发展。集装箱自动识别系统主要由装在箱体上的码板、与箱体分离的地面读码器（识别设备）和中央处理设备组成。码板保存了集装箱的固有信息，有的是必备的信息，如前面提到的必备标记信息，有的是可选择性信息。目前，集装箱自动识别系统主要有视频识别系统、条形码识别系统、微波反射识别系统、光学字符识别系统、RFID/EPC（Radio Frequency Identification/Electronic Product Code）识别系统等形式。

四、箱内货物的支撑与固定

集装箱货物装箱有整箱货和拼箱货两种，都会留下一定的空隙，所以，必须对箱内货

物进行支撑与固定，以免遭受振动与冲击发生货损。大多情况下，可利用集装箱提供的支撑和紧固备件，如支撑架、方木和条木垫板、木片塞、填充料、横支梁、钢带钢绳、尼龙带等，进行货物的支撑与固定，见图 5-38。

图 5-38　箱内货物的支撑与固定示例

五、集装箱的装卸搬运

集装箱的装卸搬运常有吊装和滚装两种方式。吊装（垂直装卸方式）是指用起重机或带起重设备的车辆装卸集装箱，吊装有顶角件起吊、底角件起吊和沟槽抓举起吊等；滚装（水平装卸方式）是指以牵引车拖带挂车或叉车等流动搬运机械，直接驶入滚装船内装卸集装箱。

我国对外贸易发展迅猛，许多产品是通过集装箱运输的。2019 年世界十大港口分别为：上海港、新加坡港、宁波舟山港、深圳港、广州港、釜山港、香港港、青岛港、天津港、迪拜港。其中，有七大港口是我国的，上海洋山港（图 5-39）排第一，成为目前世界上最大的集装箱码头，也是全世界最为繁忙的集装箱港口。

图 5-39　上海洋山港

六、集装箱设计

集装箱强度设计主要涉及箱垛堆码强度、顶角件起吊强度、底角件起吊强度、纵向栓固强度、端壁强度、侧壁强度、顶部强度、底部强度、横向刚度、纵向刚度、叉举强度等。一般而言，可采用有限元软件或集装箱专用软件进行集装箱整体的建模、分析、设计和优化。

国家标准《GB/T 5338—2002 系列 1 集装箱　技术要求和试验方法　第 1 部分：通用

集装箱》针对集装箱的使用性能要求，设计了一系列试验对其进行静动态强度和刚度校核。

关于集装箱的风雨密闭性，可通过对其表面各个接缝和焊缝处进行喷水试验进行校验。试验后，集装箱不应出现渗漏现象。

第十三节　运输包装件尺寸标准化

这一节讨论运输包装件尺寸标准化。

一、概念及作用

一般而言，产品包装件需要经集装器具（托盘、集装箱等）装载形成集装单元，或贮存，或再通过运输工具进行高效运输配送。这一现代物流工程涉及到空间利用率和运输效率问题，为此，包装件尺寸、集装器具尺寸、运输工具尺寸、装卸作业机械尺寸、仓储空间尺寸、货架尺寸等必须配套协调、统一标准化。很显然，运输包装件尺寸标准化是实现上述一系列配套协调的基础。

运输包装件尺寸标准化实质上就是包装件尺寸以及与包装件物流相关的一切空间尺寸的规格化，它是科学组织、管理包装与物流的重要手段，对现代物流的作用体现在以下几点：

（1）标准化的包装件尺寸系列便于集装单元装载，便于机械化装卸作业，可以提高集装单元和仓储空间的利用率，提高机械装卸和运输效率。

（2）便于整个供应链管理和上下游的无缝衔接。

（3）企业按运输包装件尺寸标准系列制造外包装容器，便于提高生产效率。同时，减少了繁多的包装件尺寸，便于实现产品包装过程的自动化和智能化。

二、包装模数与运输包装件尺寸

1. 包装模数

模数的概念来自于机械和建筑行业，指机械设计或建筑设计中选定的尺寸基准或标准尺寸单位。包装模数指包装件平面尺寸（长×宽）设计的尺寸基准，运输包装件平面尺寸（外尺寸）可通过用整数去乘或除包装模数求得。国际标准化组织（ISO 3394：2012 Packaging—Complete, filled transport packages and unit loads—Dimensions of rigid rectangular packages）规定的包装模数为三种：600mm×400mm、600mm×500mm 和 550mm×366mm，通过这三种包装模数可定义四个系列的平面尺寸（4 种托盘平面尺寸，1219mm×1016mm，1200mm×1000mm，1200mm×800mm，1100mm×1100mm），包装件高度可根据需要自由选择。上述包装模数是根据托盘尺寸，以托盘高效率装载包装件为前提确定的。按包装模数这一尺寸基准设计的包装件就可以按照一定的堆码方式合理、高效率地码放在托盘上。

我国国家标准《GB/T 4892—2008 硬质直方体运输包装尺寸系列》依据 1200mm×1000mm 和 1100mm×1100mm 两种托盘平面尺寸，规定了两种包装模数：600mm×

400mm 和 550mm×366mm。

2. 运输包装件尺寸

表 5-13 列出了按三种包装模数计算的运输包装件平面尺寸例子。

表 5-13　　　　　　　　　　　　　运输包装件平面尺寸　　　　　　　　　　　单位：mm

包装模数				
600×400		600×500		550×366
推荐的托盘尺寸				
1200×800	1219×1016	1219×1016	1100×1100	1100×1100
	1200×1000	1200×1000		
运输包装件平面尺寸（倍数）				
1200×800	1200×1000	1200×1000	1100×1100	1100×1100
1200×400		1200×500		1100×550
800×600		1000×600		1100×366
运输包装件平面尺寸（约数）				
600×400		600×500		550×366
300×400		300×500		275×366
200×400		200×500		183×366
150×400		150×500		137×366
120×400		600×250		110×366
600×200		300×250		550×183
300×200		200×250		275×183
200×200		150×250		183×183
150×200		600×166		137×183
120×200		300×166		110×183
600×133		200×166		550×122
300×133		150×166		275×122
200×133		600×125		183×122
150×133		300×125		137×122
120×133		200×125		110×122
600×100		150×125		♯
300×100		♯		♯
200×100		♯		♯
150×100		♯		♯
120×100		♯		♯

注意：

1. 这个表列出的是由三种包装模数计算的运输包装件平面尺寸的例子，未列出所有计算的平面尺寸；

2. 不推荐 110mm×122mm 以下尺寸，因为尺寸大小就几乎没有实际用途。

图 5-40 所示为按包装模数 600mm×400mm 计算的运输包装件平面尺寸组合成托盘尺寸 1200mm×1000mm 的例子。

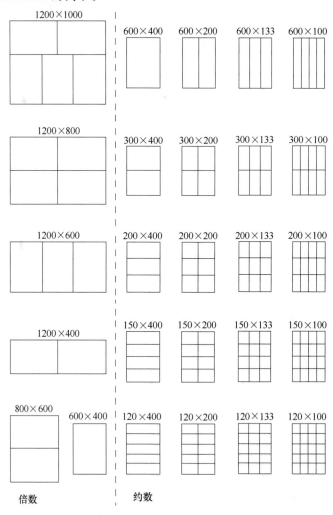

图 5-40　按包装模数 600mm×400mm 计算的运输包装件平面尺寸
组合成托盘尺寸 1200mm×1000mm 的示例

图 5-41 所示为平面尺寸 400mm×200mm 的运输包装件在 1200mm×1000mm 托盘上的排列例子。

第十四节　运输包装标志

这一节讨论运输包装标志。

一、概念及作用

运输包装标志是用图形和文字在产品运输包装上制作的特定记号和说明事项，其作用为：

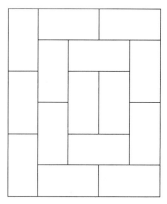

图 5-41　平面尺寸 400mm×200mm 的运输包装件在 1200mm×1000mm 托盘上的排列示例

（1）提供产品和包装的重要信息，便于货物管理，便于确认收货人、发货人、最终地址、中转地点、订货单号、重量、数量、体积、注意事项等信息。

（2）便于区分和辨认货物，防止发生货差、货损及危险性事故。

（3）具有提醒警示作用。

二、运输包装标志分类及内容

运输包装标志分为运输包装收发货标志、包装储运图示标志、危险货物包装标志和包装回收标志等种类。

1. 收发货标志

收发货标志为外包装上的商品分类图示标志及其他标志和其他的文字说明排列格式的总称（见《GB/T 6388—86 运输包装收发货标志》）。表 5-14 给出了收发货标志包含的 14 项内容和含义。商品分类图示标志一定要有，其他各项可合理选用。

表 5-14　　　　　　　　　　　收发货标志包含的 14 项内容和含义

序号	项目			含　义
	代号	中文	英文	
1	FL	商品分类图示标志	CLASSIFICATION MARKS	表明商品类别的特定符号
2	GH	供货号	CONTRACT NO	供应该批货物的供货清单号码(出口商品用合同号码)
3	HH	货号	ART NO	商品顺序编号。以便出入库,收发货登记和核定商品价格
4	PG	品名规格	SPECIFICATIONS	商品名称或代号,标明单一商品的规格、型号、尺寸、花色等
5	SL	数量	QUANTITY	包装容器内含商品的数量
6	ZL	重量(毛重)(净重)	GROSS WT NET WT	包装件的重量(kg)包括毛重和净重

续表

序号	项目			含 义
	代号	中文	英文	
7	CQ	生产日期	DATE OF PRODUCTION	产品生产的年、月、日
8	CC	生产工厂	MANUFACTURER	生产该产品的工厂名称
9	TJ	体积	VOLUME	包装件的外径尺寸长×宽×高（cm）＝体积（m^3）
10	XQ	有效期限	TERM OF VAIIDITY	商品有效期至×年×月
11	SH	收货地点和单位	PLACE OF DESTINATION AND CONSIGNEE	货物到达站、港和某单位（人）收（可用贴签或涂写）
12	FH	发货单位	CONSIGNOR	发货单位（人）
13	YH	运输号码	SHIPPING No	运输单号码
14	JS	发运件数	SHIPPING PIECES	发运的件数

说明：① 分类标志一定要有，其他各项合理选用。

② 外贸出口商品根据国外客户要求，以中、外文对照，印制相应的标志和附加标志。

③ 国内销售的商品包装上不填英文项目。

商品分类图示标志用特定符号标明商品的分类。国家标准《GB/T 6388—1986 运输包装收发货标志》给出了 12 类商品分类图示标志，见图 5-42。

国家标准对收发货标志的字体、颜色、方式（印刷、刷写、粘贴、拴挂等）、位置等作出了规定，图 5-43 所示为桶类包装收发货标志的示例。

图 5-42 12 类商品分类图示标志

图 5-43 桶类包装收发货标志示例

2. 包装储运图示标志

包装储运图示标志为根据货物特性，对货物提出的装卸、运输、储存的注意事项。标志由图形符号、名称及外框线组成，共 17 种，见图 5-44。国家标准《GB/T 191—2008 包装储运图示标志》对包装储运图示标志的尺寸、颜色、应用方法等作出了规定。

3. 危险货物包装标志

危险货物包装标志指根据各种危险品特性，在危险品包装上加用特别的图示标志，必要时加以说明，以起到提醒、警示和防护作用。

图 5-44　17 种包装储运图示标志

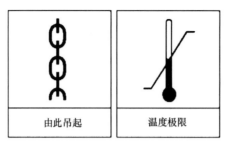

| 由此吊起 | 温度极限 |

图 5-44　17 种包装储运图示标志（续）

标志分为标记和标签，见表 5-15 和表 5-16。4 个标记和 26 个标签分别标示了 9 类危险货物的主要特性。国家标准《GB 190—2009 危险货物包装标志》对危险货物包装标志的尺寸、颜色、使用方法等作出了规定。

表 5-15　　　　　　　　　　　　　　危险货物标记

序　号	标 记 名 称	标 记 图 形
1	危害环境物质 和物品标记	（符号:黑色;底色:白色）
2	方向标记	（符号:黑色或正红色;底色:白色）
3	高温运输标记	（符号:黑色或正红色;底色:白色）

表 5-16　　　　　　　　　　　　　危险货物标签

序号	标记名称	标记图形
1	爆炸物质或物品	（符号:黑色;底色:橙红色） （＊＊:项号的位置,1.1,或1.2,或1.3;如果爆炸性是次要危险性,留空白） （＊:配装组字母的位置;如果爆炸性是次要危险性,留空白）
2	易燃气体	（符号:黑色;底色:正红色）（符号:白色;底色:正红色）
	非易燃无毒气体	（符号:黑色;底色:绿色）（符号:白色;底色:绿色）
	毒性气体	（符号:黑色,底色:白色）

续表

序号	标记名称	标记图形
3	易燃液体	（符号:黑色;底色:正红色）（符号:白色,底色:正红色）
4	易燃固体	（符号:黑色;底色:白色红条）
	易于自燃物质	（符号:黑色;底色:上白下红）
	遇水放出易燃气体的物质	（符号:黑色;底色:蓝色）（符号:白色;底色:蓝色）
5	氧化性物质	（符号:黑色;底色:柠檬黄色）

续表

序号	标 记 名 称	标 记 图 形
5	有机过氧化物	 (符号:黑色;底色:红色和柠檬黄色)(符号:白色;底色:红色和柠檬黄色)
6	毒性物质	 (符号:黑色;底色:白色)
	感染性物质	 (符号:黑色;底色:白色)
7	一级放射性物质	 (符号:黑色;底色:白色,附一条红竖条)
	二级放射性物质	 (符号:黑色;底色:上黄下白,附两条红竖条)

续表

序号	标记名称	标记图形
7	三级放射性物质	 （符号：黑色；底色：上黄下白，附三条红竖条）
	裂变性物质	 （符号：黑色；底色：黑色）
8	腐蚀性物质	 （符号：黑色；底色：上白下黑）
9	杂项危险物质和物品	 （符号：黑色；底色：白色）

4. 包装回收标志

包装回收标志为根据纸、塑料、铝和铁等包装容器或包装组分提出的可回收再生利用信息。包装回收标志见图 5-45（《GB/T 18455—2010 包装回收标志》）。

图 5-45　包装回收标志

（a）纸　（b）塑料　（c）铝　（d）铁

塑料包装回收标志由基本图形、塑料代号和缩略语组成，图 5-46 所示为高密度聚乙烯包装回收标志示例。

代号"00"表示"可生物降解"，图 5-47 所示为可生物降解塑料包装回收标志示例，"××××"为缩略语。

图 5-46　高密度聚乙烯包装回收标志示例

图 5-47　可生物降解塑料包装回收标志示例

对于复合包装材料，其回收标志标示主要材料。

第十五节　全球统一标识系统 GS1

这一节开始讨论全球统一标识系统和条码技术，先讨论全球统一标识系统 GS1。

一、GS1 系统

全球统一标识系统 GS1 系统由美国统一代码委员会（UCC）于 1973 年创建，UCC 建立了 12 位通用产品代码（UPC）。欧洲物品编码协会（早期的国际物品编码协会，EAN International）于 1977 年成立，开发了与 UPC 兼容的数字编码系统，主要用 13 位数字编码。2005 年 2 月，EAN 和 UCC 正式合并更名为 GS1（国际物品编码协会）。

GS1 系统为在全球范围内标识货物、服务、资产和位置提供了准确的编码。这些编码能够以条码符号来表示，以便进行商务流程所需的电子识读，从而克服了厂商、组织使用自身的编码系统或部分特殊编码系统的局限性，提高贸易的效率和对客户的反应能力。

GS1 技术体系以商品条码系统为核心，包含编码体系、数据载体和电子数据交换，并提供解决方案等内容，见图 5-48。

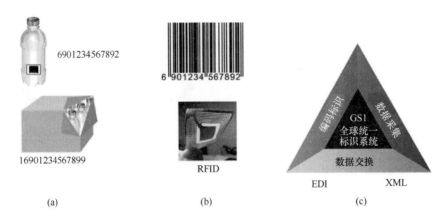

图 5-48　GS1 技术体系

（a）编码　（b）数据载体　（c）数据交换

二、编 码 体 系

编码体系是整个 GS1 系统的核心，是对流通领域中所有的产品与服务（包括贸易项目、物流单元、资产、位置和服务关系等）的标识代码及附加属性代码，见图 5-49。

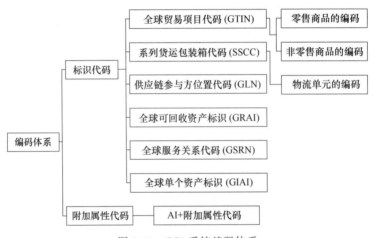

图 5-49　GS1 系统编码体系

1. 全球贸易项目代码（GTIN）

全球贸易项目代码（Global Trade Item Number，GTIN）是编码系统中应用最广泛的标识代码，为全球贸易项目提供唯一标识。贸易项目是指一项产品或服务。GTIN 有四种不同的编码结构：GTIN-14、GTIN-13、GTIN-12 和 GTIN-8，见图 5-50。

对贸易项目进行编码和符号表示，能够实现商品零售（POS）、进货、存补货、销售分析及其他业务运作的自动化。

2. 系列货运包装箱代码（SSCC）

系列货运包装箱代码（Serial Shipping Container Code，SSCC）是为物流单元（运输和/或储藏）提供唯一标识的代码，由扩展位、厂商识别代码、系列号和校验码四部分组

GTIN-14	包装指示符	包装内含项目的GTIN (不含校验码)		校验码
代码结构	N_1	N_2 N_3 N_4 N_5 N_6 N_7 N_8 N_9 N_{10} N_{11} N_{12} N_{13}		N_{14}

GTIN-13 代码结构	厂商识别代码 商品项目代码	校验码
	N_1 N_2 N_3 N_4 N_5 N_6 N_7 N_8 N_9 N_{10} N_{11} N_{12}	N_{13}

GTIN-12 代码结构	厂商识别代码 商品项目代码	校验码
	N_1 N_2 N_3 N_4 N_5 N_6 N_7 N_8 N_9 N_{10} N_{11}	N_{12}

GTIN-8 代码结构	商品项目识别代码	校验码
	N_1 N_2 N_3 N_4 N_5 N_6 N_7	N_8

图 5-50　GTIN 的四种代码结构

成，是 18 位的数字代码，采用 GS1-128 码（UCC/EAN-128）符号表示，具有全球唯一性。系列货运包装箱代码有四种编码结构，见表 5-17。

表 5-17　　　　　　　　　　　　　　　　**SSCC 的代码结构**

结构种类	扩展位	厂商识别代码	系列号	校验码
结构一	N_1	$N_2 N_3 N_4 N_5 N_6 N_7 N_8$	$N_9 N_{10} N_{11} N_{12} N_{13} N_{14} N_{15} N_{16} N_{17}$	N_{18}
结构二	N_1	$N_2 N_3 N_4 N_5 N_6 N_7 N_8 N_9$	$N_{10} N_{11} N_{12} N_{13} N_{14} N_{15} N_{16} N_{17}$	N_{18}
结构三	N_1	$N_2 N_3 N_4 N_5 N_6 N_7 N_8 N_9 N_{10}$	$N_{11} N_{12} N_{13} N_{14} N_{15} N_{16} N_{17}$	N_{18}
结构四	N_1	$N_2 N_3 N_4 N_5 N_6 N_7 N_8 N_9 N_{10} N_{11}$	$N_{12} N_{13} N_{14} N_{15} N_{16} N_{17}$	N_{18}

3. 参与方位置代码（GLN）

参与方位置代码（Global Location Number，GLN）是对参与供应链等活动的法律实体、功能实体和物理实体进行唯一标识的代码。法律实体是指合法存在的机构，如：供应商、客户、银行、承运商等；功能实体是指法律实体内的具体的部门，如：某公司的财务部；物理实体是指具体的位置，如：建筑物的某个房间、仓库或仓库的某个门、交货地等。参与方位置代码由厂商识别代码、位置参考代码和校验码组成，用 13 位数字表示，具体结构见表 5-18。

表 5-18　　　　　　　　　　　　　　　　**GLN 的代码结构**

结构种类	厂商识别代码	位置参考代码	校验码
结构一	$N_1 N_2 N_3 N_4 N_5 N_6 N_7$	$N_8 N_9 N_{10} N_{11} N_{12}$	N_{13}
结构二	$N_1 N_2 N_3 N_4 N_5 N_6 N_7 N_8$	$N_9 N_{10} N_{11} N_{12}$	N_{13}
结构三	$N_1 N_2 N_3 N_4 N_5 N_6 N_7 N_8 N_9$	$N_{10} N_{11} N_{12}$	N_{13}

4. 附加属性代码

附加属性代码由应用标识符（Application Identifier，AI）和附加属性编码数据组成。应用标识符为标识数据含义与格式的字符，由 2~4 位数字组成。应用标识符及其对应的数据编码共同完成特定信息的标识。应用标识符对应的数据编码可以是数字字符、字母字符或数字字母字符，数据结构与长度取决于对应的应用标识符。

三、数据载体

数据载体承载编码信息，用于自动数据采集（Auto Data Capture，ADC）与电子数据交换（EDI & XML）。数据载体主要有条码符号和射频标签。

1. 条码符号

条码技术是 20 世纪中叶发展并广泛应用的集光、机、电和计算机技术为一体的高新技术。它解决了计算机应用中数据采集的"瓶颈"，实现了信息的快速、准确获取与传输，是信息管理系统和管理自动化的基础。条码符号具有操作简单、信息采集速度快、信息采集量大、可靠性高、成本低廉等特点。以商品条码为核心的 GS1 系统已经成为事实上的服务于全球物流管理的国际标准。

在产品运输包装中常用的一维条码码制有 EAN/UPC 条码、ITF-14 条码、GS1-128 条码（UCC/EAN-128 码）等。

应用标识符（AI）是一个 2～4 位的代码，用于定义其后续数据的含义和格式。使用 AI 可以将不同内容的数据表示在一个 GS1-128 条码（UCC/EAN-128 码）中。不同的数据间不需要分隔，既节省了空间，又为数据的自动采集创造了条件。

2. 射频标签

无线射频识别技术（RFID）是 20 世纪中叶进入实用阶段的一种非接触式自动识别技术。射频识别系统包括射频标签和读写器两部分，射频标签是承载识别信息的载体，读写器是获取信息的装置。射频识别的标签与读写器之间利用感应、无线电波或微波，进行双向通信，实现标签存储信息的识别和数据交换，见图 5-51。

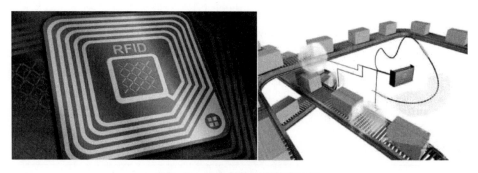

图 5-51　无线射频识别技术示例

射频识别技术的特点为：可非接触识读（识读距离可以从 10cm 至几十米）；可识别快速运动物体；抗恶劣环境，防水、防磁、耐高温，使用寿命长；保密性强；可同时识别多个识别对象等。

EPC（Electronic Product Code）标签是射频识别技术中应用于 GS1 系统 EPC 编码的电子标签，是按照 GS1 系统的 EPC 规则进行编码，并遵循 EPC global 组织制定的 EPC 标签与读写器的无接触空中通信规则设计的标签。EPC 标签是产品电子代码的载体，当 EPC 标签贴在物品上或内嵌在物品中时，该物品与 EPC 标签中的编号则是一一对应的。

四、数 据 交 换

数据交换技术比较多，这里介绍物流中常用的电子数据交换技术和 XML 技术。

1. 电子数据交换技术

电子数据交换（Electric Data Interchange，EDI）是商业贸易伙伴之间，按标准、协议规范化和格式化的信息通过电子方式，在计算机系统之间进行自动交换和处理。是一种基于计算机应用、通信网络和电子数据处理的电子商务的方式和技术，见图 5-52。

图 5-52 电子数据交换技术示例

EDI 的基础是信息，这些信息可以由人工输入计算机，但更好的方法是通过采用条码和射频标签快速准确地获得数据信息。

2. XML 技术

传统的 EDI 作为主要的数据交换方式，对数据的标准化起到了重要的作用。但是，传统的 EDI 实现了统一性却没有实现可扩展性，它要求所有的合作伙伴都必须使用唯一的解决方案，难以适应异构数据源快速变化和新业务规则迅速增长的需要。为此人们开始使用基于 Internet 的电子数据交换技术——XML 技术。

XML（Extensible Markup Language）是一种用于标记电子文件使其具有结构性的标记语言，具有良好的数据存储格式、可扩展性、高度结构化、便于网络传输等特性，非常适用于数据库间的信息交互。XML 以其可扩展性、自描述性等优点，被誉为信息标准化过程的有力工具，基于 XML 的标准将成为信息标准的主流。

第十六节 条 码 技 术

这一节讨论条码技术。

一、条码的概念

条码（Barcode，条形码）技术起源于美国，最早出现于 20 世纪 40 年代，应用发展于 20 世纪 70 年代。

条码是由一组规则排列的条、空及其对应字符组成的标记，以表达一定的信息，包括一维条码和二维条码，可供机器识读。条码系统是指由条码符号设计、制作及扫描识读等部分组成的系统。常见的条码是由反射率较低的部分——条（黑条）和反射率较高的部分——空（白条）排成。条码可以指示出产品信息（如生产国、制造厂家、商品名称、数量、生产日期等）和流通信息（如货物单元量度、承运商、中转站、目的地等）等，因而在产品物流领域得到了广泛应用。

二、一维条码的结构

通常，一个完整的条码由包括空白区（前）、起始符、数据符、校验符（可选）、终止符、空白区（后）在内的条码符号（位于上方）和条码符号所表示的供人识别的字符组成，见图 5-53。

空白区(前)	起始符	数据符	校验符	终止符	空白区(后)
条码符号表示的字符					

图 5-53　一维条码的结构

空白区为位于条码两侧与空的反射率相同的限定区域，没有任何的符号和条码信息，主要用来提示扫描器准备扫描；起始符和终止符分别为位于条码起始位置和终止位置的特定条、空结构，标志条码的起始和终止；数据符为位于条码中间的条、空结构，表示条码的特定信息；校验符通过对条码字符的特定运算而确定。

三、条码的码制

码制是指条码条和空的排列规则，是关于条码符号的类型、数据的表示方法、编码容量和条码字符集等特征的规定。构成条码的基本单位是模块，即条码中最窄的条或空。构成条码的一个条或空称为一个单元，一个单元包含的模块数由编码方式决定。

条码的码制种类很多。在产品运输包装中常用的一维条码码制有：

1. EAN/UPC 码

EAN/UPC 码包括 EAN-13、EAN-8、UPC-A 和 UPC-E，是一种长度固定的连续型条码，其字符集为数字 0～9。通过零售渠道销售的贸易项目必须使用 EAN/UPC 码进行标识。同时这些条码也可用于标识非零售的贸易项目。

2. ITF-14 码

ITF-14 码只用于标识非零售的商品。ITF-14 码对印刷精度要求不高，比较适合直接印制（热转印或喷墨）在表面不够光滑、受力后尺寸易变形的包装材料上。因为这种条码符号较适合直接印在瓦楞纸包装箱上，所以也称"箱码"。

3. GS1-128 码（EAN/UCC -128 码）

GS1-128 码（EAN/UCC -128 码）可表示变长的数据，条码符号的长度依字符的数量、类型和放大系数的不同而变化，并且能将若干信息编码在一个条码符号中。该条码符号可编码的最大数据字数为 48 个，包括空白区在内的物理长度不能超过 165mm。GS1-128 码用于标识物流单元，不用于 POS 零售结算。

第十七节 EAN 码

EAN 码是国际上使用最广泛的通用商品代码，是以直接向消费者销售的商品为对象，以单个商品为单位使用的条码。EAN 码包括 EAN-13 和 EAN-8，是一种长度固定的连续型条码，它与 UPC 码兼容，与 UPC 码有相同的符号体系，其字符集为数字 0～9。

一、EAN 码的结构

1. EAN-13 码的结构

EAN-13 码由左侧空白区、起始符、左侧数据符、中间分隔符、右侧数据符、校验符、终止符、右侧空白区及条码符号所表示的供人识别的字符组成，见图 5-54 和图 5-55。

左侧空白区最小宽度为 11 个模块宽；起始符为表示信息开始的特殊符号，由 3 个模块组成；左侧数据符为表示 6 位数字信息的一组条码符号，由 42 个模块组成；中间分隔符是平分条码符号的特殊符号，由 5 个模块组成；右侧数据符为表示 5 位数字信息的一组条码符号，由 35 个模块组成；校验符为表示校验码（1 位数字）的条码符号，由 7 个模块组成；终止符为表示信息结束的特殊符号，由 3 个模块组成；右侧空白区最小宽度为 7 个模块宽。供人识别的 13 位数字字符（图中"6901234567892"）由条码符号所表示，位于条码符号的下方。数字字符顶部与条码符号底部的最小距离为 0.5 个模块宽。

图 5-54 EAN-13 码的符号结构

			≥113个模块				
			95个模块				
左侧 空白区	起始符	左侧 数据符 (表示6位数字)	中间 分隔符	右侧 数据符 (表示5位数字)	校验符 (表示1位数字)	终止符	右侧 空白区
≥11个 模块宽	3个模块	6×7=42 个模块	5个模块	5×7=35 个模块	7个模块	3个模块	≥7个 模块宽

图 5-55 EAN-13 码符号构成模块

为确保右侧空白区的宽度，可在条码符号右下角加"＞"符号，"＞"符号位置见图5-56。

图 5-56 "＞"符号位置

2. EAN-8 码的结构

EAN-8 码也是由左侧空白区、起始符、左侧数据符、中间分隔符、右侧数据符、校验符、终止符、右侧空白区及条码符号所表示的供人识别的字符组成，见图5-57和图5-58。

EAN-8 码的起始符、中间分隔符、校验符、终止符、右侧空白区的结构同 EAN-13 码。不同的为：EAN-8 码的左侧空白区最小宽度为7个模块宽；左侧数据符表示4位数字信息，由28个模块组成；右侧数据符表示3位数字信息，由21个模块组成；由条码符号所表示的供人识别字符为8位数字。

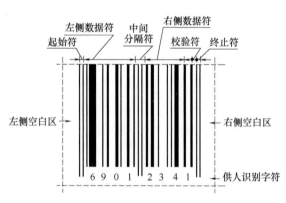

图 5-57 EAN-8 码的符号结构

为确保左右侧空白区的宽度，可在条码符号左下角加"＜"符号，在条码符号右下角加"＞"符号，"＜"和"＞"符号位置，见图5-59。

左侧空白区	起始符	左侧数据符（表示4位数字）	中间分隔符	右侧数据符（表示3位数字）	校验符（表示1位数字）	终止符	右侧空白区
≥7个模块宽	3个模块	4×7=28个模块	5个模块	3×7=21个模块	7个模块	3个模块	≥7个模块宽

上方标注：≥81个模块；67个模块

图 5-58 EAN-8 码符号构成示意

图 5-59　"＜"和"＞"符号位置

二、EAN 码的逻辑式表示和符号表示

1. 数字字符集

EAN 码字符集为数字 0～9，共 10 个数字字符，由 7 个"0"和"1"组成的三个逻辑式子集 A 子集、B 子集和 C 子集表示。"0"对应于"空"的模块，"1"对应于"条"的模块。每个数字字符由 7 个模块表达，包含 2 个"条"和 2 个"空"，每个"条"或"空"由 1-4 个模块组成。表 5-19 给出了 EAN 码字符集的逻辑式表示和符号表示。

表 5-19　　　　　　　　　　　　EAN 码字符集的逻辑式表示和符号表示

数字字符	A 子集 逻辑式和符号	B 子集 逻辑式和符号	C 子集 逻辑式和符号
0	0001101	0100111	1110010
1	0011001	0110011	1100110
2	0010011	0011011	1101100
3	0111101	0100001	1000010
4	0100011	0011101	1011100
5	0110001	0111001	1001110
6	0101111	0000101	1010000

续表

数字字符	A 子集 逻辑式和符号	B 子集 逻辑式和符号	C 子集 逻辑式和符号
7	0111011	0010001	1000100
8	0110111	0001001	1001000
9	0001011	0010111	1110100

在表 5-19 中，①A 子集中条码符号所包含的"条"的模块的个数为奇数，B、C 子集中条码符号所包含的"条"的模块的个数为偶数，C 子集与 B 子集成镜像关系。②A、B 子集中的条码符号总是以左边的"空"模块开始，以右边的"条"模块结束。C 子集中的条码符号总是以左边的"条"模块开始，以右边的"空"模块结束。

2. 起始符、终止符、中间分隔符

起始符、终止符、中间分隔符的逻辑式表示和符号表示见表 5-20。

表 5-20　　　　起始符、终止符、中间分隔符的逻辑式表示和符号表示

符号类别	逻辑式和符号
起始符、终止符	101
中间分隔符	01010

3. 数据符及校验符

EAN-13 码中左侧第一位数字为前置码。左侧数据符要根据前置码的数值在 A、B 子集中选用，见表 5-21。

表 5-21　　　　　　　　EAN-13 码左侧数据符的选用规则

前置码的数值	编码规则	前置码的数值	编码规则
0	AAAAAA	5	ABBAAB
1	AABABB	6	ABBBAA
2	AABBAB	7	ABABAB
3	AABBBA	8	ABABBA
4	ABAABB	9	ABBABA

EAN-13 码的右侧数据符及校验符均用 C 子集表示。

对 EAN-8 码而言，左侧数据符用 A 子集表示，右侧数据符及校验符用 C 子集表示。

三、校验码的计算方法

校验码为 1 位数字，用于检验整个编码的正误。EAN 码校验码的计算方法见表 5-22。

表 5-22 EAN 码校验码的计算方法

EAN-13	N_1	N_2	N_3	N_4	N_5	N_6	N_7	N_8	N_9	N_{10}	N_{11}	N_{12}	N_{13}
校验码 N_{13}	① $C=(N_{12}+N_{10}+N_8+N_6+N_4+N_2)\times3+(N_{11}+N_9+N_7+N_5+N_3+N_1)\times1$; ② $N_{13}=10\text{-}C$ 的个位数 （若 C 的个位数为 0，则 $N_{13}=0$）。												
EAN-8						N_1	N_2	N_3	N_4	N_5	N_6	N_7	N_8
校验码 N_8	① $C=(N_7+N_5+N_3+N_1)\times3+(N_6+N_4+N_2)\times1$; ② $N_8=10\text{-}C$ 的个位数 （若 C 的个位数为 0，则 $N_8=0$）。												

读者可试着核对和校验图 5-60 所示的两个条码的数字与符号。

图 5-60 核对和校验图中两个条码的数字与符号

四、EAN 码的尺寸

EAN 码的尺寸如图 5-61 和图 5-62 所示。当放大系数为 1.00 时，EAN 码的模块宽度为 0.33mm，供人识别字符的高度为 2.75mm，EAN-13 码的条高为 22.85mm，EAN-8 码的条高为 18.23mm。

图 5-61 EAN-13 码符号尺寸

图 5-62　EAN-8 码符号尺寸

EAN 码的详细内容可参阅国际标准 ISO/IEC 15420（ISO/IEC 15420-2009 Information technology — Automatic identification and data capture techniques — EAN/UPC bar code symbology specification）和我国国家标准《GB 12904—2008　商品条码　零售商品编码与条码表示》。

第十八节　GS1-128 码

这一节继续讨论条码技术—GS1-128 码。

GS1-128 码是能够表示多种信息的一维条码，它可表示 ASCⅡ字符集及扩展 ASCⅡ字符集中的全部字符，符号长度可变。在所有一维条码码制中它是表示信息最多的码制，因此 128 码适用于各个领域的自动数据采集。

GS1-128 码由 GS1 和 AIM 公司（Automatic Identification Manufacturers，Inc.）合作设计，是 128 码的一个子集。根据 AIM 公司与 GS1 之间的协议，GS1-128 码起始符之后为功能 1 符——FNC1，用于标识 GS1 系统。在条空组合、字符集等技术内容上与 128 码完全一致，但其应用范围仅限于 GS1（EAN/UCC）系统，用于标识物流单元，不用于零售（POS）结算。

一、GS1-128 码的结构

GS1-128 码符号的组成，从左至右为：

① 左侧空白区。

② 起始符。为双字符起始图形，包括一个起始符（Start A、Start B 或 Start C）和功能 1 符（FNC1）。

③ 数据符。表示数据和特殊字符的一个或多个条码符号（包括应用标识符）。

④ 校验符。

⑤ 终止符。

⑥ 右侧空白区。

条码符号表示的数据字符以供人识读的方式表示在条码符号的下方或上方，见图 5-63。

图 5-63　GS1-128 码符号的基本格式

二、GS1-128 码的符号表示

1. 条码字符集

GS1-128 码所有 128 个字符的符号表示见表 5-23，其中单元宽度（Element Widths）列中的数值表示模块的数目，B 列为每一个条包含的模块数，S 列为每一个空包含的模块数。

表 5-23 GS1-128 码字符集 A、B、C 的条码符号表示

符号字符值	字符集 A	字符集 A 的 ASCII 值	字符集 B	字符集 B 的 ASCII 值	字符集 C	单元宽度（模块）						单元模块										
						B	S	B	S	B	S	1	2	3	4	5	6	7	8	9	10	11
0	space	32	space	32	00	2	1	2	2	2	2											
1	!	33	!	33	01	2	2	2	1	2	2											
2	"	34	"	34	02	2	2	2	2	2	1											
3	#	35	#	35	03	1	2	1	2	2	3											
4	$	36	$	36	04	1	2	1	3	2	2											
5	%	37	%	37	05	1	3	1	2	2	2											
6	&	38	&	38	06	1	2	2	2	1	3											
7	apos-trophe	39	apos-trophe	39	07	1	2	2	3	1	2											
8	(	40	(	40	08	1	3	2	2	1	2											
9	)	41	)	41	09	2	2	1	2	1	3											
10	*	42	*	42	10	2	2	1	3	1	2											

续表

符号 字符值	字符 集 A	字符 集 A 的 ASCII 值	字符 集 B	字符 集 B 的 ASCII 值	字符 集 C	单元宽度 （模块）						单元模块										
						B	S	B	S	B	S	1	2	3	4	5	6	7	8	9	10	11
11	+	43	+	43	11	2	3	1	2	1	2											
12	comma	44	comma	44	12	1	1	2	2	3	2											
13	—	45	—	45	13	1	2	2	1	3	2											
14	full stop	46	full stop	46	14	1	2	2	2	3	1											
15	/	47	/	47	15	1	1	3	2	2	2											
16	0	48	0	48	16	1	2	3	1	2	2											
17	1	49	1	49	17	1	2	3	2	2	1											
18	2	50	2	50	18	2	2	3	2	1	1											
19	3	51	3	51	19	2	2	1	1	3	2											
20	4	52	4	52	20	2	2	1	2	3	1											
21	5	53	5	53	21	2	1	3	2	1	2											
22	6	54	6	54	22	2	2	3	1	1	2											
23	7	55	7	55	23	3	1	2	1	3	1											
24	8	56	8	56	24	3	1	1	2	2	2											
25	9	57	9	57	25	3	2	1	1	2	2											
26	colon	58	colon	58	26	3	3	1	2	2	1											
27	semi- colon	59	semi- colon	59	27	3	1	2	2	1	2											
28	<	60	<	60	28	3	2	2	1	1	2											
29	=	61	=	61	29	3	2	2	2	1	1											
30	>	62	>	62	30	2	1	2	1	2	3											
31	?	63	?	63	31	2	1	2	3	2	1											
32	@	64	@	64	32	2	3	2	1	2	1											
33	A	65	A	65	33	1	1	1	1	2	3											
34	B	66	B	66	34	1	3	1	1	2	3											
35	C	67	C	67	35	1	3	1	3	2	1											
36	D	68	D	68	36	1	1	2	3	1	3											
37	E	69	E	69	37	1	3	2	1	1	3											
38	F	70	F	70	38	1	3	2	3	1	1											
39	G	71	G	71	39	2	1	1	3	1	3											
40	H	72	H	72	40	2	3	1	1	1	3											
41	I	73	I	73	41	2	3	1	3	1	1											

续表

符号字符值	字符集A	字符集A的ASCII值	字符集B	字符集B的ASCII值	字符集C	单元宽度（模块）						单元模块										
						B	S	B	S	B	S	1	2	3	4	5	6	7	8	9	10	11
42	J	74	J	74	42	1	1	2	1	3	3											
43	K	75	K	75	43	1	1	2	3	3	1											
44	L	76	L	76	44	1	3	2	1	3	1											
45	M	77	M	77	45	1	1	3	1	2	3											
46	N	78	N	78	46	1	1	3	3	2	1											
47	O	79	O	79	47	1	3	3	1	2	1											
48	P	80	P	80	48	3	1	3	1	2	1											
49	Q	81	Q	81	49	2	1	1	3	3	1											
50	R	82	R	82	50	2	3	1	1	3	1											
51	S	83	S	83	51	2	1	3	1	1	3											
52	T	84	T	84	52	2	1	3	3	1	1											
53	U	85	U	85	53	2	1	3	1	3	1											
54	V	86	V	86	54	3	1	1	1	2	3											
55	W	87	W	87	55	3	1	1	3	2	1											
56	X	88	X	88	56	3	3	1	1	2	1											
57	Y	89	Y	89	57	3	1	2	1	1	3											
58	Z	90	Z	90	58	3	1	2	3	1	1											
59	[	91	[	91	59	3	3	2	1	1	1											
60	\	92	\	92	60	3	1	4	1	1	1											
61	]	93	]	93	61	2	2	1	4	1	1											
62	^	94	^	94	62	4	3	1	1	1	1											
63	—	95	—	95	63	1	1	1	2	2	4											
64	NUL	00	grave accent	96	64	1	1	1	4	2	2											
65	SOH	01	a	97	65	1	2	1	1	2	4											
66	STX	02	b	98	66	1	2	1	4	2	1											
67	ETX	03	c	99	67	1	4	1	1	2	2											
68	EOT	04	d	100	68	1	4	1	2	2	1											
69	ENQ	05	e	101	69	1	1	2	2	1	4											
70	ACK	06	f	102	70	1	1	2	4	1	2											
71	BEL	07	g	103	71	1	2	2	1	1	4											
72	BS	08	h	104	72	1	2	2	4	1	1											
73	HT	09	i	105	73	1	4	2	1	1	2											

续表

符号字符值	字符集A	字符集A的ASCII值	字符集B	字符集B的ASCII值	字符集C	单元宽度（模块）						单元模块										
						B	S	B	S	B	S	1	2	3	4	5	6	7	8	9	10	11
74	LF	10	j	106	74	1	4	2	2	1	1											
75	VT	11	k	107	75	2	4	1	2	1	1											
76	FF	12	l	108	76	2	2	1	1	1	4											
77	CR	13	m	109	77	4	1	3	1	1	1											
78	SO	14	n	110	78	2	4	1	1	1	2											
79	SI	15	o	111	79	1	3	4	1	1	1											
80	DLE	16	p	112	80	1	1	1	2	4	2											
81	DC1	17	q	113	81	1	2	1	1	4	2											
82	DC2	18	r	114	82	1	2	1	2	4	1											
83	DC3	19	s	115	83	1	1	4	2	1	2											
84	DC4	20	t	116	84	1	2	4	1	1	2											
85	NAK	21	u	117	85	1	2	4	2	1	1											
86	SYN	22	v	118	86	4	1	1	2	1	2											
87	ETB	23	w	119	87	4	2	1	1	1	2											
88	CAN	24	x	120	88	4	2	1	2	1	1											
89	EM	25	y	121	89	2	1	2	1	4	1											
90	SUB	26	z	122	90	2	1	4	1	2	1											
91	ESC	27	{	123	91	4	1	2	1	2	1											
92	FS	28			124	92	1	1	1	1	4	3											
93	GS	29	}	125	93	1	1	1	3	4	1											
94	RS	30	~	126	94	1	3	1	1	4	1											
95	US	31	DEL	127	95	1	1	4	1	1	3											
96	FNC3		FNC3		96	1	1	4	3	1	1											
97	FNC2		FNC2		97	4	1	1	1	1	3											
98	SHIFT		SHIFT		98	4	1	1	3	1	1											
99	CODE C		CODE C		99	1	1	3	1	4	1											
100	CODE B		FNC4		CODE B	1	1	4	1	3	1											
101	FNC4		CODE A		CODE A	3	1	1	1	4	1											
102	FNC1		FNC1		FNC1	4	1	1	1	3	1											
103			Start A			2	1	1	4	1	2											
104			Start B			2	1	1	2	1	4											

续表

符号字符值	字符集A	字符集A的ASCII值	字符集B	字符集B的ASCII值	字符集C	单元宽度（模块）						单元模块										
						B	S	B	S	B	S	1	2	3	4	5	6	7	8	9	10	11
105			Start C			2	1	1	2	3	2											

符号字符值	字符集A	字符集B	字符集C	单元宽度（模块）							单元模块												
				B	S	B	S	B	S	B	1	2	3	4	5	6	7	8	9	10	11	12	13
	Stop			2	3	3	1	1	1	2													

2. 条码字符结构

每个条码符号（终止符除外）由 6 个单元 11 个模块表达，包含 3 个条和 3 个空，每个条或空由 1～4 个模块组成。终止符由 4 个条、3 个空共 7 个单元 13 个模块组成。条码符号所包含的"条"的模块的个数为偶数，所包含的"空"的模块的个数为奇数。如，起始符 A 的符号表示见图 5-64。

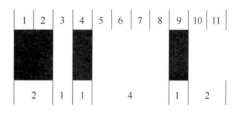

图 5-64　GS1-128 码起始符"Start A"的结构

条码字符值为 35 的符号表示见图 5-65。35 在字符集 A 或 B 中为"C"，在字符集 C 中为两位数字"35"。

终止符的符号表示见图 5-66。

图 5-65　GS1-128 码字符值为 35 的结构

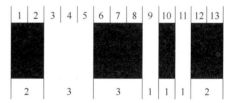

图 5-66　GS1-128 码终止符的结构

3. 条码字符编码

字符集 A、B 和 C 给出了数据字符的条、空组合方式，字符集的选择取决于起始符 Start A（Start B 或 Start C）、切换字符 CODE A（B 或 C）或转换字符（SHIFT）的使用。如果条码符号以起始符 Start A 开始，则最先确定了字符集 A；如果条码符号以起始符 Start B 开始，则最先确定了字符集 B；如果条码符号以起始符 Start C 开始，则最先确定了字符集 C。

切换字符 CODE A（B 或 C）将先前确定的字符集切换到切换字符定义的新的字符集 A（B 或 C）。转换字符（SHIFT）仅将转换字符后的一个字符从字符集 A 转换到字符集

B 或从字符集 B 转换到字符集 A，对后面的字符不产生影响。

GS1-128 码中，通过使用不同的起始符、切换字符、转换字符的组合，可以对相同的数据有不同的表示。

功能字符（FNC）用于向条码识读设备提供特殊的操作和应用指示。

校验符按规定的算法计算得到。在供人识别的字符中不标识校验符。

三、GS1-128 码的尺寸

GS1-128 码的模块宽度（X 尺寸）为 0.250～1.016mm，左右侧空白区的最小宽度为 $10X$，条高通常为 32mm。

GS1-128 码的最大物理长度不能超过 165mm，可编码的最大数据字符数为 48。

应将供人识读中的应用标识符用圆括号括起来，以明显区别于其他数据。

所有使用 GS1 应用标识符的 GS1-128 码允许多个单元数据串编码（链接）在一个条码符号中。

第十九节　运输包装条码技术

这一节讨论运输包装的条码技术。

一、零售商品编码与条码表示

零售商品代码属于 GS1 系统中编码体系的全球贸易项目代码（GTIN），通常有 13 位代码（GTIN-13）、8 位代码（GTIN-8）和 12 位代码（GTIN-12）三种结构，分别采用 EAN-13 码、EAN-8 码和 UPC-A 码技术进行编码。

13 位代码结构由厂商识别代码、商品项目代码、校验码三部分 13 位数字代码组成。厂商识别代码由 7～10 位数字代码组成，其前 3 位为前缀码，代表零售商品生产的国家或地区，由 GS1 分配。我国大陆前缀码为 690～695、香港特别行政区为 489、澳门特别行政区为 958、台湾地区为 471，美国为 000～019、030～039、060～139，日本为 450～459、490～499，英国为 500～509。商品项目代码由 5～2 位数字代码组成，一般由厂商编制。校验码为 1 位数字，用于校验编码的正误。

8 位代码结构由前缀码（3 位数字）、商品项目代码（4 位数字）、校验码（1 位数字）三部分 8 位数字代码组成。12 位代码结构由厂商识别代码（6～10 位数字）、商品项目代码（5～1 位数字）、校验码（1 位数字）三部分 12 位数字代码组成。

独立包装的单个零售商品的代码编制通常采用 13 位代码结构（EAN-13 码）。当商品很小，可采用 8 位代码结构（EAN-8 码）。

标准组合包装和混合组合包装的零售商品的代码编制通常采用 13 位代码结构（EAN-13 码），但不应与包装内所含商品的代码相同。

详细的零售商品的编码、条码表示、条码的技术要求和质量判定规则可参阅国家标准《GB 12904—2008　商品条码　零售商品编码与条码表示》。

二、储运包装商品编码与条码表示

储运包装商品是指由一个或若干个零售商品组成的用于订货、批发、配送及仓储等活动的各种包装的商品。储运包装商品代码属于 GS1 系统中编码体系的全球贸易项目代码（GTIN），编码采用 13 位（GTIN-13）或 14 位（GTIN-14）代码结构。

13 位储运包装商品的代码结构与 13 位零售商品的代码结构相同。

14 位储运包装商品代码结构中的第 1 位数字为包装指示符，用于指示储运包装商品的不同包装级别，取值范围为 1，2，…，8，9。其中，1～8 用于定量储运包装商品，9 用于变量储运包装商品。14 位储运包装商品代码结构中的第 2 位到第 13 位数字为包装内含零售商品代码前 12 位，即包含在储运包装商品内的零售商品代码去掉校验码后的 12 位数字。14 位储运包装商品代码结构中的最后一位为校验码，计算方法见表 5-24。

表 5-24　　　　　　　14 位储运包装商品代码结构中校验码的计算方法

GTIN-14	N_1	N_2	N_3	N_4	N_5	N_6	N_7	N_8	N_9	N_{10}	N_{11}	N_{12}	N_{13}	N_{14}
校验码 N_{14}	① $C=(N_{13}+N_{11}+N_9+N_7+N_5+N_3+N_1)\times3+(N_{12}+N_{10}+N_8+N_6+N_4+N_2)\times1$； ② $N_{14}=10-C$ 的个位数　（若 C 的个位数为 0，则 $N_{14}=0$）。													

标准组合式储运包装商品是多个相同零售商品组成标准的组合包装商品。标准组合式储运包装商品的编码可以采用与其所含零售商品的代码不同的 13 位代码，也可以采用 14 位的代码（包装指示符为 1～8）。

混合组合式储运包装商品是多个不同零售商品组成标准的组合包装商品，这些不同的零售商品的代码各不相同。混合组合式储运包装商品可采用与其所含各零售商品的代码均不相同的 13 位代码。

变量储运包装商品的编码采用 14 位的代码（包装指示符为 9）。

同时又是零售商品的储运包装商品按 13 位的零售商品代码进行编码。

13 位代码的条码采用 EAN/UPC、ITF-14 或 GS1-128（UCC/EAN-128）码表示。当储运包装商品不是零售商品时，应在 13 位代码前补 "0" 变成 14 位代码，采用 ITF-14 或 GS1-128 码表示；当储运包装商品同时是零售商品时，应采用 EAN/UPC 码（EAN-13）表示。

14 位代码的条码采用 ITF-14 或 GS1-128 码表示。

如需标识储运包装商品的属性信息（如所含零售商品的数量、质量、长度等），可在 13 位或 14 位代码的基础上增加属性信息，属性信息用 GS1-128 码表示。

详细的储运包装商品的编码、条码表示、条码的技术要求等可参阅国家标准《GB/T 16830—2008　商品条码　储运包装商品编码与条码表示》。

三、物流单元编码与条码表示

物流单元是为了便于运输和仓储而建立的任何组合包装单元，在供应链中需要对其进行个体的跟踪与管理。物流单元标识代码是标识物流单元身份的唯一代码，属于 GS1 系统中编码体系的系列货运包装箱代码（SSCC），编码采用 18 位的数字代码结构，用

GS1-128 码（UCC/EAN-128）符号表示。物流单元标识代码结构由扩展位、厂商识别代码、系列号和校验码四部分18位的数字代码组成。其中，扩展位由1位数字代码组成，取值0～9，用于增加编码容量；厂商识别代码由7～10位数字代码组成；系列号由9～6位数字组成；校验码为1位数字。

附加信息代码是标识物流单元相关信息（如物流单元内贸易项目的GTIN、贸易与物流量度、物流单元内贸易项目的数量等信息）的代码，由应用标识符（Application Identifier，AI）和编码数据组成，由用户根据实际需要编制。如果使用物流单元附加信息代码，则需与物流单元标识代码一并处理。表5-25给出了物流单元常用的附加信息代码结构。

表 5-25 常用的物流单元附加信息代码结构

AI	编码数据名称	编码数据含义	格式
00	SSCC	系列货运包装箱代码（Serial shipping container code）	$N2+N18$
01	GTIN	全球贸易项目代码（Global trade item number）	$N2+N14$
02	CONTENT	物流单元内贸易项目的GTIN（GTIN of contained Trade items）	$N2+N14$
33nn,34nn,35nn,36nn	GROSS WEIGHT,LENGTH 等	物流计量（Logistic measures）	$N4+N6$
37	COUNT	物流单元内贸易项目的数量（Count of trade items）	$N2+N...8$
401	CONSIGNMENT	全球货物托运标识代码（Global identification number for consignment）	$N3+X...30$
402	SHIPMENT NO.	全球货物装运标识代码（Global shipment identification number）	$N3+N17$
403	ROUTE	路径代码（Routing code）	$N3+X...30$
410	SHIP TO LOC	交货地全球位置码（Ship to-deliver to global location number）	$N3+N13$
413	SHIP FOR LOC	货物最终目的地全球位置码（Ship for-deliver for-forward to global location number）	$N3+N13$
420	SHIP TO POST	交货地邮政编码（Ship to-deliver to postal code within a single postal authority）	$N3+X...20$
421	SHIP TO POST	含ISO国家（地区）代码的交货地邮政编码（Ship to-deliver to postal code with ISO country code）	$N3+N3+X...12$

SSCC 与应用标识符 AI（00）一起使用，采用 GS1-128 码符号表示；附加信息代码与相应的应用标识符 AI 一起使用，采用 GS1-128 码符号表示。

四、物流单元标签

一个完整的物流单元标签包括三个标签区段，标签从上到下的通常为：承运商区段、客户区段和供应商区段。标签文本内容位于标签区段的上方，条码符号位于标签区段的下方。SSCC 是所有物流单元标签的必备项，其他信息如果需要应配合应用标识符 AI 使用。

承运商区段通常包含装货时就已确定的信息，如到货地邮政编码、托运代码、承运商特定路线和装卸信息。

客户区段通常包含供应商在订货和订单处理时就已确定的信息，主要包括到货地点、购货订单代码、客户特定路线和货物的装卸信息。

供应商区段通常包含包装时供应商已确定的信息。客户和承运商所需要的产品属性信息，如产品变体、生产日期、包装日期和有效期、批号（组号）、系列号等也可以在此区段表示。

可根据需要选择 105mm×148mm（A6 规格）或 148mm×210mm（A5 规格）两种标签尺寸。当只有 SSCC 或者 SSCC 和其他少量数据时，可选择较小的标签尺寸。

图 5-67 是一个基本物流单元标签。

图 5-67 基本物流单元标签示例

图 5-68 是一个包含供应商和承运商区段的物流单元标签。

图 5-69 是一个包含链接数据的供应商区段的标签。

图 5-68 包含供应商和承运商区
段的物流单元标签示例

图 5-69 包含链接数据的供应商区段的标签示例

图 5-70 是一个包含供应商、客户与承运商区段的标签。

图 5-70　包含供应商、客户与承运商区段的标签示例

详细的物流单元的编码、条码表示、物流单元标签的技术要求等可参阅国家标准《GB/T 18127—2009　商品条码　物流单元编码与条码表示》。

五、二维码在运输包装的应用

二维码是在二个维度方向上都表示信息的条码符号，是用某种特定的几何图形按一定规律在平面分布黑白相间的图形以记录数据符号信息。它可用于标识商品及商品属性、商品相关网址等信息。它比传统的一维码能表示更多的信息，也能表达更多的数据类型。

二维码有许多种类，常用的码制有：快速响应矩阵码（QR Code），网格矩阵码（Grid Matrix Code），Data Matrix，Maxi Code，Code One，汉信码，PDF417，Code 49等。按实现原理和结构形状可分为堆叠式二维码和矩阵式二维码。

堆叠式二维码的编码是以一维条码为基础，按需要堆叠二行或多行成二维码。它在编码设计、校验原理、识读方式等方面具有一维码的特点，识读设备与条码印刷与一维条码技术兼容。但由于需要对行进行判定，其译码算法与软件与一维码不完全相同。PDF417是最具有代表性的堆叠式二维码，其组成条码的每一个字符由 4 个条和 4 个空共 17 个模块构成，见图 5-71。

矩阵式二维码（棋盘式二维码）是在一个矩形空间通过黑、白像素在矩阵中的不同分布进行编码。在矩阵相应元素位置上，用黑点（方点、圆点或其他形状）的出现表示二进制"1"，黑点的不出现表示二进制的"0"，点的排列组合确定了矩阵式二维码所代表的数据。矩阵式二维码是建立在计算机图像处理技术、组合编码原理等基础上的一种图形符号自动识读处理码制。具有代表性的矩阵式二维条码有：快速响应矩阵码（QR Code，图5-72），网格矩阵码（Grid Matrix Code），Data Matrix，Maxi Code，Code One，汉信码等。

　　二维码具有信息容量大、编码应用范围广、容错能力强、溯源追踪性好、容易制作等优点，在产品运输包装管理、溯源、防伪等方面得到了广泛应用。

图 5-71　PDF417 二维码

图 5-72　快速响应矩阵码
（QR Code）示例

第六章 运输包装试验评价

第一节 运输包装试验评价概述

一、运输包装试验评价概念

产品运输包装经设计制造成型后，能否经受物流中环境条件的作用？能否有效保护产品？包装设计是否优化和适度？回答这些问题需要合适的运输包装评价技术和方法，其中，试验评价是最为重要和最为常见的技术手段。

运输包装试验评价指在实验室构建与产品实际物流等同或等价的试验环境条件和状态，通过一系列组合设计的运输包装试验来客观和综合评价运输包装的产品保护性能。所以，运输包装试验评价要注意以下两个关键技术问题。

第一，实际物流环境条件和运输包装状态在实验室的模拟与再现。实际物流环境条件包括物理、化学、生物等条件，它们往往是交互作用的。但对运输包装造成损害的主要环境条件为：冲击、振动、压力等机械环境条件和温度、湿度、雨淋、盐雾、气压等气候环境条件。目前，这些主要环境条件通过控制先进的试验装备都能在实验室较好地实现。图 6-1 所示为实际振动环境条件在实验室的模拟与再现。同时，与实际物流等同或等价的运输包装状态（如堆码、捆扎等约束、包装件姿态等）在实验室也可实现。

图 6-1 实际振动环境条件在
实验室的模拟与再现示例

第二，运输包装试验项目的选择和组合。正确分析对运输包装造成损害的主要物流环境条件，正确分析包装产品需要保护的主要方面，在此基础上，选择和确定若干运输包装试验项目。这些试验项目要能全面、有效地考核运输包装各方面的产品保护性能。

通过运输包装试验评价，可以实现以下评价目标：

（1）考核运输包装各方面的产品保护性能能否满足实际需要。

（2）考察产品运输包装是否存在过包装或欠包装情况，明确产品运输包装设计中可能出现的薄弱环节，获得运输包装的改进和优化信息。

（3）评价运输包装性能是否符合有关标准、规范和法令的要求。

二、运输包装试验分类

按对运输包装造成危害的物流环境条件，运输包装试验评价主要分为以下几个大类：

（1）气候环境试验　评价运输包装抵御温度、湿度、雨淋、盐雾、气压等各种气候环境的能力及其对产品的保护性能。

（2）振动试验　评价运输包装抗振能力和产品保护能力。

（3）冲击试验　评价运输包装抗冲击能力和产品保护能力。

（4）压力试验　评价运输包装抵抗压力的能力和产品保护能力。

（5）机械搬运装卸试验　评价运输包装能否满足机械搬运装卸的要求。

（6）密封性试验　评价运输包装的密封性和对产品的保护能力。

按试验组合形式，运输包装试验可区分为单项试验、多项试验和综合试验等。图 6-2 所示为部分运输包装用试验设备。

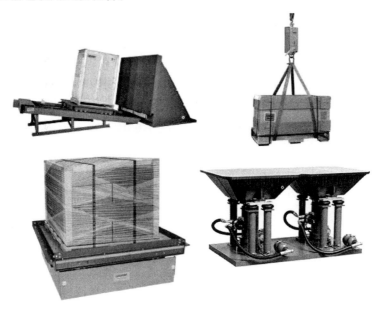

图 6-2　运输包装用试验设备示例

三、运输包装试验方法和标准

1. 运输包装试验方法

总体上，运输包装试验方法可描述为：依据物理、化学、生物等原理，在实验室模拟与再现产品实际物流环境主要危害和运输包装状态。由于物流过程的随机性，这种模拟与再现往往是建立在随机过程的统计学参数意义上的。国际上已建立和完善了针对物流环境主要危害的运输包装试验评价的体系、方法和标准等。

2. 运输包装试验标准

国际上广泛使用的运输包装试验标准主要有：国际标准化组织 ISO 标准，国际安全运输委员会 ISTA 标准，美国材料与试验协会 ASTM 标准，美国联邦 FED 标准等。我国参照 ISO、ASTM 标准等，制定了 GB/T 4857 系列运输包装试验标准，形成了运输包装试验评价的体系和方法。我国制定的运输包装试验相关标准如下：

（1）GB/T 4857.1—2019 包装 运输包装件基本试验 第 1 部分：试验时各部位的标示方法。

（2）GB/T 4857.2—2005 包装 运输包装件基本试验 第 2 部分：温湿度调节处理。

（3）GB/T 4857.3—2008 包装 运输包装件基本试验 第 3 部分：静载荷堆码试验方法。

（4）GB/T 4857.4—2008 包装 运输包装件基本试验 第 4 部分：采用压力试验机进行的抗压和堆码试验方法。

（5）GB/T 4857.5—1992 包装 运输包装件 跌落试验方法。

（6）GB/T 4857.6—1992 包装 运输包装件 滚动试验方法。

（7）GB/T 4857.7—2005 包装 运输包装件基本试验 第 7 部分：正弦定频振动试验方法。

（8）GB/T 4857.9—2008 包装 运输包装件基本试验 第 9 部分：喷淋试验方法。

（9）GB/T 4857.10—2005 包装 运输包装件基本试验 第 10 部分：正弦变频振动试验方法。

（10）GB/T 4857.11—2005 包装 运输包装件基本试验 第 11 部分：水平冲击试验方法。

（11）GB/T 4857.12—1992 包装 运输包装件 浸水试验方法。

（12）GB/T 4857.13—2005 包装 运输包装件基本试验 第 13 部分：低气压试验方法。

（13）GB/T 4857.14—1999 包装 运输包装件 倾翻试验方法。

（14）GB/T 4857.15—2017 包装 运输包装件基本试验 第 15 部分：可控水平冲击试验方法。

（15）GB/T 4857.17—2017 包装 运输包装件基本试验 第 17 部分：编制性能试验大纲的通用规则。

（16）GB/T 4857.19—1992 包装 运输包装件 流通试验信息记录。

（17）GB/T 4857.20—1992 包装 运输包装件 碰撞试验方法。

（18）GB/T 4768—2008 防霉包装。

（19）GB/T 4857.22—1998 包装 运输包装件 单元货物稳定性试验方法。

（20）GB/T 4857.23—2012 包装 运输包装件基本试验 第 23 部分：随机振动试验方法。

（21）GB/T 5398—2016 大型运输包装件试验方法。

（22）GB 12463—2009 危险货物运输包装通用技术条件。

（23）GB/T 22410—2008 包装 危险货物运输包装 塑料相容性试验。

四、运输包装试验大纲

试验大纲是运输包装单项或一系列试验评价所依据的技术文件。试验大纲编制应包括物流环境条件描述、产品保护要点、试验项目和试验方法选择、试验强度（参数）确定、试验顺序和试验结果评价标准等。

（1）物流环境条件描述 通过跟随调研物流过程或物流环境记录仪掌握物流环境条件（运输区间、运输方式、装卸情况、跌落高度、冲击方向、振动强度和频率、气候条件、贮存条件等），分析确定产品在物流环境遇到的主要危害因素及大小。

（2）产品保护要点 分析产品和包装特性，包括产品脆值、形态、结构、形状、大小、重量、重心、数量、材质等特性以及产品包装和外包装容器特性，确定产品保护的要点。

（3）试验项目和试验方法选择 根据物流环境条件和产品保护要点，选择确定相应的试验项目和合适的试验方法。

（4）试验强度（参数）确定 根据试验项目，以物流环境条件为依据，确定合适的试验强度。试验强度确定的一种方法是参照相关标准和资料；第二种方法是通过环境记录仪采集实际物流环境参数后分析确定。

（5）试验顺序 运输包装试验前一般要进行温湿度调节处理。试验顺序按实际情况结合可用于试验的样品数量合理安排。

（6）试验结果评价标准 根据产品运输包装的实际情况，确定评价试验结果的标准，包括产品破损的评价标准、包装破损的评价标准、产品和运输包装响应的评价标准等。

五、运输包装试验报告

试验完成后，需编写试验报告。试验报告应尽可能全面反映试验信息、过程、结果和分析，其主要内容包括：试验项目、试验方法、试验标准、试样（产品、包装和约束状态等）、温湿度预处理、试验环境、试验仪器设备、试验参数、试验顺序、试验过程、重复试验次数、试验结果、观察到的现象、结果统计、试验分析，同时，还要包括试验时间、地点、试验人员签字以及试验理论依据和相关参考文献等。

第二节 气候环境试验评价

气候环境对运输包装会产生较大的影响，体现在以下两个方面：

（1）气候环境条件造成包装或产品损坏，如远洋运输盐雾环境造成的腐蚀，高温和高湿环境造成的锈蚀；

（2）气候环境条件对产品或包装性能产生影响，造成包装件整体性能下降，无法抵抗跌落、振动、压力等其他危害环境因素作用。

气候环境试验分为环境处理试验和环境预处理试验。环境处理试验用来评价运输包装抵御温度、湿度、雨淋、盐雾、气压等各种气候环境的能力及其产品保护能力；环境预处理试验对试验样品进行环境预调节，样品处理后再进行其他运输包装试验，它属于其他运输包装试验的组成部分，主要作用是统一试验的气候环境条件，或考察气候环境因素对运输包装性能的影响。本书讨论的是指环境处理试验。

气候环境试验主要包括温度、湿度、低气压、盐雾、雨淋、浸水、辐射等试验。

一、温湿度试验

温湿度试验是将运输包装件置于温湿度试验室（箱）内，根据物流温湿度环境条件和实际需要，设定控制温湿度和试验时间，评价运输包装承受特定温湿度环境条件的能力和对产品保护能力的试验。

1. 试验设备

用于试验的仪器设备为温湿度试验室（箱），见图 6-3，可以连续记录温度和湿度，将温湿度控制在预定精度范围内。

图 6-3　温湿度试验箱

2. 试验方法

温湿度试验主要有恒定试验和交变试验两种方法。

（1）恒定试验　恒定试验采用固定不变的温湿度条件，评价运输包装的承受和保护能力。国际和我国国家标准规定了一些典型气候环境的温湿度条件，包括低温、低温高湿、标准温度高湿、高温高湿、高温干燥等气候环境条件。

（2）交变试验　交变试验采用两种及以上的温湿度条件，评价不同的温湿度及其变化对运输包装件的影响，包括温度冲击和温湿度渐变两种试验形式。温度冲击试验评价运输包装短时内受到巨大温差时的承受和保护能力；温湿度渐变试验是在较长时间内变化温湿度，模拟实际气候环境，特别适合于考查产品的湿度凝结。

3. 试验条件

试验条件主要包括温湿度和试验时间的设定。试验温湿度条件应依据实际物流气候环境条件，参照典型气候环境的温湿度来设定。试验时间一般采用实际物流时间。当实际时间较长而实验室难以实现时，可采用加速试验的方法，加大温湿度试验强度，缩短试验时间。

二、喷淋试验

露天运输、储存、搬运装卸时，运输包装应具有防雨淋功能。喷淋试验适用于评价运输包装抗雨淋的能力及对产品的保护能力。

1. 试验设备

试验场地应可控温、可排水；场地高度应适当，使喷水嘴与试样顶部间距离至少为2m，保证水能垂直喷淋；场地面积至少要比试样底面积大50%。喷淋装置应满足(100 ± 20) L/(m^2·h) 速率的喷水量，喷水均匀，喷头高度可调。喷淋试验示意图见图6-4。

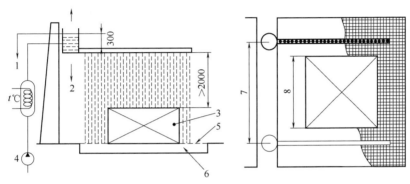

图 6-4　喷淋试验示意

1—溢水口　2—高度调节　3—试验样品　4—循环泵或网状系统　5—格板

6—排水口　7—喷头移动范围　8—试验样品尺寸

2. 试验方法

将试验样品放在试验场地上，在一定温度下用水按预定的时间及速率对样品表面进行喷淋。喷淋方法分为连续式和间歇式两种。试验后，检查被试运输包装件及其内装产品，是否出现防水性能下降或渗水现象。

3. 试验条件

试验条件包括喷淋试验持续时间、温度设定和运输包装件数量等。依据防水程度和物流环境确定喷淋时间，一般为6~30min。温度为5~30℃。

三、盐雾试验

运输包装件海上运输时，处在盐雾环境，盐雾对金属等产品有较强的腐蚀作用。盐雾试验用来评价运输包装件承受盐雾的能力和在盐雾环境中包装对产品的保护能力。

1. 试验设备

盐雾箱所用材料不会影响盐雾的腐蚀效果。喷雾应均匀、细小、浓密，在盐雾箱的任意位置，用面积为80cm^{2}的器皿收集盐雾，连续雾化16h的盐雾沉积量应保证在1.0~2.0mL/h。氯化钠盐溶液浓度为5%±1%，pH应在6.5~7.2。盐雾试验设备见图6-5。

2. 试验方法

将运输包装件放入盐雾箱，在规定时间内承受一定浓度盐雾的持续作用。试验后，检

图 6-5　盐雾试验设备

查被试运输包装件及其内装产品。

3. 试验条件

试验条件包括试验温度和试验持续时间。温度为（35±2）℃。推荐连续雾化时间为 16h、1d、2d、4d、7d、14d、28d。

四、低气压试验

低气压试验适用于评价空运时增压仓和飞行高度不超 3500m 的非增压仓飞机内的运输包装件耐低气压的能力及包装对产品的保护能力，也可用于评价海拔较高的地面运输包装件。

1. 试验设备

气压试验箱能控制气压和温度，能以不超过 15kPa/min 的速率将气压降至目标压力值，并保持气压。气压试验箱见图 6-6。

图 6-6　气压试验箱

2. 试验方法

将试样置于气压试验箱内，以不超过 15kPa/min 的速率将气压降至相当于 3500m 高度时的气压（65kPa），按预定时间、温度持续保压。达到规定时间后，恢复常压，检查被试运输包装件及其内装产品。

3. 试验条件

试验条件包括气压设定和试验持续时间。气压设定为 65kPa，试验持续时间为 2h、4h、8h、16h。

第三节　振动试验评价

一、振动试验分类

目前，振动试验是从振动的主要或特定方面来评价运输包装抗振能力和对产品的保护能力，有标准试验和非标准试验之分，并有很多种形式。对运输包装而言，常用三类振动试验：定频振动试验、变频振动试验和随机振动试验。振动方向常见的为垂直振动。

二、试 验 设 备

用于运输包装振动试验的设备有机械式振动试验机、电磁式振动试验机和液压式振动试验机，它们分别通过机械传动、电磁作用和液压控制。一般，振动试验设备包括了振动台、控制系统、信号采集和分析系统，并配有位移传感器、加速度传感器、信号采集卡和振动台围栏等辅件，见图6-7。振动试验设备应能满足预定类型振动试验的控制、信号采集和分析的需要。

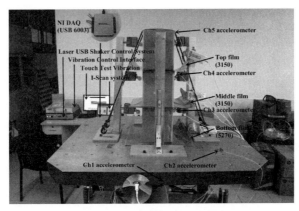

图 6-7 运输包装振动试验设备

三、定频振动试验

定频振动就是振动台在某一个固定频率（可以是共振和非共振频率）下进行正弦振动。定频振动试验用于评价运输包装抵抗某一固定频率（共振和非共振）振动的能力和对产品的保护能力。

1. 试验方法

将经过温湿度预处理的运输包装件尽可能按物流运输状态（固定和约束与实际状态相同或等效）置于振动台面，按预设频率和振幅（加速度幅值或位移振幅）振动预定时间。加速度幅值 $\ddot{x}_m$ 与位移振幅 x_m 的关系为 $\ddot{x}_m = \omega^2 x_m = 4\pi^2 f^2 x_m$。运输包装试验中一般设定加速度振幅。试验后，检查被试运输包装件及其内装产品。

实际物流中，运输包装件所经受的垂直方向的振动激励强度一般要远大于前后向和侧向振动，所以，振动试验主要应考察运输包装件垂直方向的振动影响。但当产品在水平向抗振能力较差或包装在水平向防振能力较差时，需要进行水平振动试验，以评价运输包装件的水平抗振性能。

2. 试验条件

试验条件包括振动频率、加速度幅值或位移振幅、振动时间，应依据实际物流振动环境和运输时间选取。由于实际运输中振动能量主要集中在低频，振动频率推荐为 3～

10Hz；加速度幅值一般为（0.5～1.0）g；振动试验时间一般为 10～60min，长距离运输试验时间要加长。

3. 定频重复冲击试验

定频重复冲击试验是一种特殊的定频振动试验。试验时，依据实际物流振动环境确定位移振幅范围，选择位移振幅，让振动台以 2Hz 频率起振，逐渐增加振动频率，直到试验样品与振动台出现分离和冲击时，保持这个频率，振动预定持续时间或重复冲击次数，使试验样品受到一连串持续反复的冲击。重复冲击试验模拟实际运输中运输包装件与运输工具底板之间的持续反复冲击这一对运输包装件产生较大危害的情况，评价运输包装抵抗持续反复冲击的能力和对产品的保护能力。

四、变频振动试验

定频振动试验只能考查运输包装件在特定频率下的抗振特性。但实际运输过程中，振动能量涵盖了一个较宽的频率范围。变频振动试验可以考查运输包装件在一定频率范围的抗振特性。变频振动试验有多种形式，运输包装试验常用的有三种形式。

（1）第一种是扫频振动试验　选取较小的加速度幅值进行振动，振动频率在一定的频率范围内按一定的规律连续变化。扫频振动试验主要用于确定运输包装件的共振频率（固有频率）、阻尼和振动传递率曲线，为其他振动试验和产品防振包装设计提供基本参数。也可一定程度上用于评价运输包装件在变频振动情况下的抗振能力和包装对产品的保护能力。

（2）第二种是扫频＋共振试验　在扫频振动试验的基础上，在共振频率点上再做定频振动试验（共振试验），用于评价运输包装件在共振情况下的抗振能力和包装对产品的保护能力。

（3）第三种是变频重复冲击试验　选取较大的加速度幅值进行振动，使试验样品与振动台出现分离和反复冲击，振动频率连续变化。变频重复冲击试验用于评价运输包装件在变频振动情况下抵抗持续反复冲击的能力和对产品的保护能力。

1. 试验方法

将经过温湿度预处理的运输包装件尽可能按物流运输状态（固定和约束与实际状态相同或等效）置于振动台面，按预定的变频振动试验形式进行振动。试验后，检查被试运输包装件及其内装产品。

扫频振动试验需要用到振动试验设备的信号采集和分析系统，振动的同时通过安装在振动台和产品上的加速度传感器采集振动台振动信号和产品响应信号，获取（试验设备的信号采集和分析系统可提供）或绘制运输包装件振动传递率曲线 $|H(\omega)|$（幅频特性曲线），确定运输包装件共振频率和共振时的传递率，应用半功率带宽法确定阻尼。

运输包装件振动传递率 $|H(\omega)|$ 与共振频率 ω_n 和阻尼 ξ 的关系为

$$|H(\omega)| = \sqrt{\frac{1+(2\xi\omega/\omega_n)^2}{[1-(\omega/\omega_n)^2]^2+(2\xi\omega/\omega_n)^2}} \tag{6-1}$$

参考图 6-8，半功率带宽法确定阻尼的计算公式为

$$\xi \approx \frac{\omega_2 - \omega_1}{2\omega_n} \qquad (6\text{-}2)$$

运输包装件共振点往往不止一个，有第一共振点（一般为主共振点）、第二共振点、第三共振点…等。

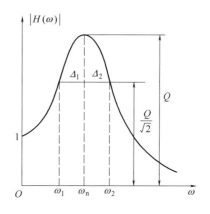

图 6-8 半功率带宽法确定阻尼

2. 试验条件

扫频振动试验时，一般选取较小的加速度幅值（0.2～0.5）g 进行振动，采用每分钟 1/2 倍频程（0.5 oct/min）的扫频速率在 3～100Hz 频率间来回扫频 1～2 次。

对于扫频＋共振试验，扫频完成后，在主共振点进行共振试验，也可在第二和第三共振点进行共振试验。共振加速度幅值典型值为（0.2～0.5）g，持续时间一般为 15min。

变频重复冲击试验应选取较大的加速度幅值进行振动，以使试验样品与振动台出现合适强度的反复冲击为原则，建议在 1.0g 附近取值。建议变频范围为 10～60Hz，变频速率和振动时间按实际需要确定。

五、随机振动试验

前面讨论的定频和变频振动试验只能考查运输包装件在单一频率振动作用下的抗振特性。实际运输过程的振动属于随机振动，运输工具振动能量不仅连续分布于一个较宽的频率范围，而且在各频率点上分布是不均匀的。随机振动试验期望在实验室从统计学意义上构建一个与实际运输振动环境等价的随机振动，用于评价运输包装在实际运输振动环境下的抗振能力和对产品的保护能力。

目前，大多数随机振动试验设备产生的激励加速度信号是稳态高斯信号。对于稳态高斯随机振动，我们一般用功率谱密度（PSD）方法来描述振动系统的输入和输出。

1. 试验方法

将经过温湿度预处理的运输包装件尽可能按物流运输状态（固定和约束与实际状态相同或等效）置于振动台面，按预定的功率谱密度（PSD）产生预定频率范围和预定强度的随机激励，按预设时间完成运输包装件的随机振动试验。如试验的同时需要获取和分析产品的响应信息，可在产品上安装传感器，采集产品响应信号，调用试验设备的信号采集和分析系统进行产品响应分析。试验后，检查被试运输包装件及其内装产品。

2. 试验条件

随机振动的试验条件包括输入的加速度功率谱（包含了频率范围、加速度 PSD 和加速度均方根 G_{rms}）和持续试验时间。加速度功率谱应依据实际物流振动能量分布选取，优选选用实际采集的加速度功率谱。在缺乏实际采集数据时，可参照 ASTM 标准、ISTA 标准、我国国家标准和相关研究文献资料中的加速度功率谱选用。试验时间依据实际运输时间选择，如试验强度（加速度 PSD）与实际强度一致，应采用实际运输时间。如远距离运输时间很长，可采用加速随机振动试验的方法进行加速试验，即提高试验强度，缩短试验时间。

　　3. 加速随机振动试验

　　为节省随机振动试验时间，加速随机振动试验成为重要手段。图 6-9 为加速随机振动试验的原理示意图。

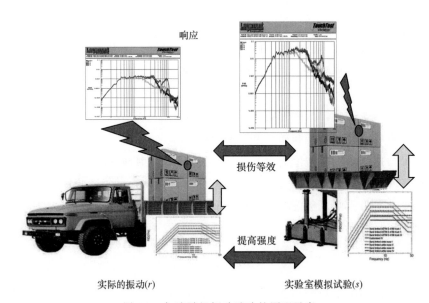

响应

实际的振动(r)　　　　　　　　　　实验室模拟试验(s)

损伤等效

提高强度

图 6-9　加速随机振动试验的原理示意

　　由于运输包装组成体系的复杂性和多样性，运输包装的加速振动试验机理显得十分复杂。我们对加速随机振动机理进行了深入研究，建立了产品和运输包装件的随机振动分析模型，选择产品部件和包装容器作为运输包装系统损伤的基本单元，建立了基于产品部件加速度功率谱（部件加速度均方根—循环寿命关系 G_{rms}-N）的运输包装加速随机振动试验方法和技术[17-18]。

　　按损伤等效原理，可得到运输包装加速随机振动试验的时间压缩比为[17-18]：

$$\frac{T_{(s)}}{T_{(r)}}=\left(\frac{G_{rms(r)}}{G_{rms(s)}}\right)^{b}=\left(\frac{1}{K_{sr}}\right)^{\frac{b}{2}} \tag{6-3}$$

其中，$T_{(s)}$ 为实验室试验时间，$T_{(r)}$ 为实际运输振动时间；$G_{rms(s)}$ 和 $G_{rms(r)}$ 分别为实验室和实际运输施加于运输包装的加速度均方根；b 为材料常数，即材料 S-N 曲线或部件 G_{rms}-N 曲线的指数；常数 K_{sr} 为"简单加速振动"的加速度功率谱放大因子，它定义了施加于运输包装的实验室加速度功率谱 $S_{\ddot{u}(s)}(\nu)$ 与实际物流加速度功率谱 $S_{\ddot{u}(r)}(\nu)$ 间的关系。

$$[S_{\ddot{u}(s)}(\nu)]=K_{sr}[S_{\ddot{u}(r)}(\nu)] \tag{6-4}$$

　　利用时间压缩比公式（6-3），即可实施运输包装的加速随机振动试验。例如，如图 6-10 所示（见彩插），通过实验已获得多种瓦楞纸箱的材料常数 $b=8\sim11$。取 $b=8$，瓦楞纸箱加速随机振动试验的时间压缩比为：

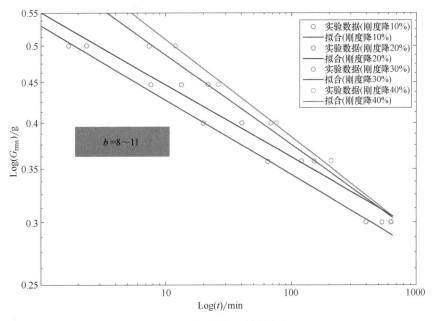

图 6-10　瓦楞纸箱的材料常数 b

$$\frac{T_{(s)}}{T_{(r)}} = \left(\frac{G_{rms(r)}}{G_{rms(s)}}\right)^8 = \left(\frac{1}{K_{sr}}\right)^4 \tag{6-5}$$

若期望加速试验时间压缩比为 $1/4$，则实验室需施加的加速度功率谱为实际物流加速度功率谱的 1.4 倍；若期望加速试验时间压缩比为 $1/5$，则实验室需施加的加速度功率谱为实际物流加速度功率谱的 1.5 倍。注意：加速度功率谱放大因子 K_{sr} 不宜取太大，建议在 $1.2\sim2.0$ 间取值；加速试验时间压缩比选取也要合适，建议取 $1/6\sim1/2$。

运输包装件在物流环境所遇到的振动是十分复杂的，实际物流振动环境在实验室的真实模拟与再现还面临着一些待解决的问题：

（1）运输包装件在运输工具上不同位置所经受的振动激励是不一样的，而且是三向的。尽管垂直方向的振动强度最大，而前后向、侧向振动明显要小，但他们是同时作用于运输包装的。

（2）一般而言，作用在运输包装件上的振动激励信号具有非高斯特征，而且，往往包含了冲击信号。

所以，发展三向、非高斯、加速随机振动试验理论和设备，真实模拟与再现实际物流振动环境，是目前急需要解决的问题，也是近年来学术界的研究热点[8,55-56]。

第四节　冲击试验评价

一、冲击试验分类

冲击是造成运输包装件破损的最主要原因。运输包装件在物流中受到的冲击是多种多样的，所以，冲击试验也有多种形式，以模拟和再现实际物流环境不同形式的冲击现象。冲击试验主要包括水平冲击试验、跌落试验、大型运输包装件跌落试验（旋转跌落试验）和倾翻试验等，用来评价运输包装在各种形式冲击下的抗冲击能力和对产品的保护能力。

二、水平冲击试验

水平冲击试验模拟实际物流的水平冲击，如运输工具的紧急制动、水平碰撞等，用于评价运输包装在受到水平冲击时的抗冲击能力和对产品的保护能力，适用于所有运输包装件。

水平冲击试验目前常见的是利用斜面冲击试验机（GB/T 4857.11—2005 包装　运输包装件基本试验　第 11 部分：水平冲击试验方法）或可控式水平冲击试验机（GB/T 4857.15—2017 包装　运输包装件基本试验　第 15 部分：可控水平冲击试验方法）来进行。

1. 利用斜面冲击试验机进行水平冲击试验

（1）试验设备　斜面冲击试验机由钢轨道、台车和挡板等组成，见图 6-11。

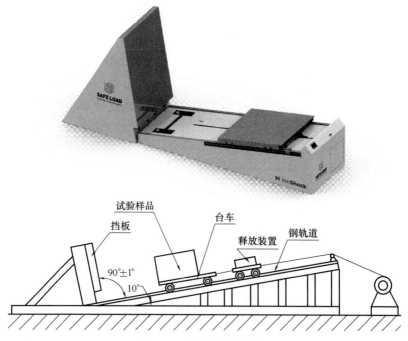

图 6-11　斜面冲击试验机

（2）试验方法　将装有试验样品（经过温湿度预处理）的台车沿钢轨斜面提升到预定高度（这一预定高度与预定冲击速度相对应），然后释放，使试验样品按预定状态以预定的速度与一个同速度方向垂直的挡板相撞。也可以在挡板表面和试验样品的冲击面、棱之间放置合适的障碍物以模拟在特殊情况下的冲击。当需要时，测试传感器应安装在台车上，测量并记录冲击加速度峰值、过程和冲击速率。冲击试验时，试验样品冲击面、棱与挡板冲击面之间的夹角不得大于 2°，冲击速度误差应在预定冲击速度的±5％以内。试验后，检查被试运输包装件及其内装产品。

（3）试验条件　冲击速度应依据实际物流冲击速度选取，建议试验优选参数为 1.0、1.3、1.5、1.8、2.2、2.7、3.3、4.0、5.0、7.0m/s。

2. 利用可控式水平冲击试验机进行水平冲击试验

（1）试验设备　可控式水平冲击试验机由钢轨道、台车、冲击座、脉冲程序装置、止回载荷装置和测试系统等组成，见图 6-12。台车上有驱动装置，能控制台车速度，使其能以预定的速度冲击。在台车隔板撞击冲击座时，脉冲程序装置能产生所需冲击脉冲。一般应采用与试验样品相同的运输包装件作为止回载荷装置，也可采用特殊的止回载荷装置。冲击时，止回载荷装置对试验样品产生挤压力，以模拟运输工具中运输包装件后部所受到的载荷。测试系统由加速度传感器、信号采集处理系统、显示和记录系统组成，应能显示并记录试验样品所承受冲击加速度—时间历程。测试系统的精度应在±5%以内。

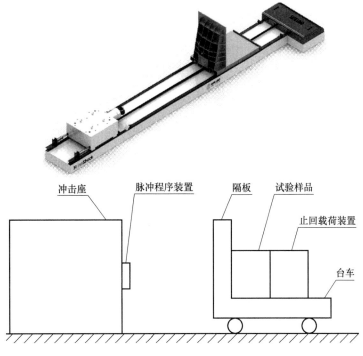

图 6-12　可控式水平冲击试验机

（2）试验方法　首先进行试验设备的调试。调试时应在等同的动力学载荷和止回载荷装置下利用样品的模拟物进行。逐渐增加动力使隔板上产生预定的冲击加速度波形、幅值、持续时间和速度改变量。

将试验样品（经过温湿度预处理）按预定的状态置于台车上，止回载荷装置放在试验样品的后部，紧靠试验样品。台车以一定的速度冲击冲击座，使试验样品承受脉冲程序装置产生的预定冲击脉冲。冲击试验时，试验样品冲击面、棱与隔板之间的夹角不大于2°，冲击速度误差应在预定冲击速度的±5%以内。试验后，检查被试运输包装件及其内装产品，分析试验结果。

（3）试验条件　试验强度包括冲击加速度波形、幅值、持续时间和冲击次数等，应依据实际物流冲击加速度选取。一般，冲击加速度波形在半正弦波、锯齿波和梯形波中选取，幅值优选参数为 50、100、150、200、300、400、500、600、800、1000m/s²，持续时间优选参数为 6、11、20、30、40、50、100ms。也可按冲击加速度波形、幅值和速度改变量确定试验强度。

运输包装件冲击次数应视具体物流环境而定。一般冲击次数为 2~15 次。如果需要，建议进行一系列较低值冲击试验或一系列逐步增加冲击强度的试验，而不是进行单一的高值冲击试验。这种试验可在两个冲击值之间分出损坏点。

三、跌 落 试 验

自由跌落试验用于评价运输包装件自由跌落时的抗冲击能力和包装对产品的保护能力，适用于较小的运输包装件，质量一般小于 100kg。对于质量较大的运输包装件，应采用大型运输包装件跌落试验。

1. 试验设备

跌落试验机由提升装置、支撑与释放装置、冲击台面组成，见图 6-13。支撑与释放装置应能支撑试验样品处于所要求的预定状态，在释放时保证其自由跌落。常见的跌落试验机有吊钩式、翻板式、嵌入式和旋臂式等多种。

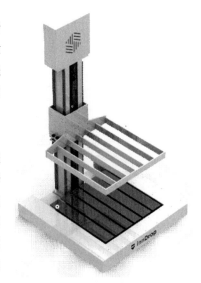

2. 试验方法

将经过温湿度预处理的试验样品提起至所需的跌落高度位置，并按预定状态将其支撑住。然后突然释放，使其按预定状态自由落下，与冲击台面相撞形成冲击。试验分面跌落、棱跌落和角跌落三种。面跌落时，使试验样品的跌落面与冲击面平行，夹角最大不超过 2°；棱跌落时，使试验样品的重力线通过被跌落的棱，跌落的棱与水平面平行，其夹角最大不超过 2°；角跌落时，使试验样品的重力线通过被跌落的角。

图 6-13　嵌入式跌落试验机

3. 试验条件

自由跌落试验的试验条件包括跌落高度、跌落姿势和跌落次数，应依据实际物流跌落情况选取。跌落高度与运输包装件的重量有关，一般在 10~120cm 范围内选取。

四、大型运输包装件跌落试验

大型运输包装件是指其质量与体积需要机械装卸的运输包装件。大型运输包装件跌落试验（旋转跌落试验）用于评价大型运输包装件跌落时的抗冲击能力和包装对产品的保护能力。

1. 试验设备

可以采用起重机、叉车或专用试验设备等任何适宜的设备，用于在一端吊起大型运输包装件。

冲击台面应为整块物体的水平平面，有足够的面积和刚度，质量至少为试验样品质量的 50 倍。

2. 试验方法

将试验样品（必要时，经温湿度预处理）置于冲击台面。试验分面跌落、棱跌落和角跌落三种。

面跌落时，提起一端至预定的跌落高度后，使其自由落下，产生冲击，见图 6-14。

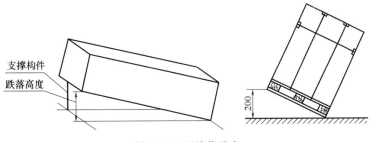

图 6-14　面跌落示意

棱跌落时，提起一端至垫木或其他支撑物上，再提起另一端至预定的高度后，使其自由落下，见图 6-15。

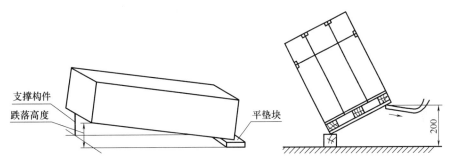

图 6-15　棱跌落示意

角跌落时，提起一端至垫木或其他支撑物上后，将一块 10~25cm 的垫块垫在已被垫起一端的一个角下面，再将该角相对的另一端底角提起至预定跌落高度后，使其自由落下，产生冲击，见图 6-16。

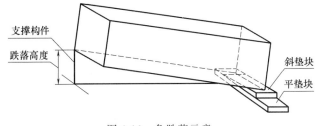

图 6-16　角跌落示意

大型运输包装件在机械搬运装卸过程中，如叉运和吊装等业中，普遍存在着上述面跌落、棱跌落和角跌落冲击现象。试验采用环境模拟方式,重现大型运输包装件在物流过程中的跌落现象。

3. 试验条件

大型运输包装件的跌落高度一般为 10~30cm。

五、倾 翻 试 验

如运输包装件高度或重心较高,底面尺寸较小,其稳定性就较差,在运输和装卸搬运过程中,就可能发生倾翻现象。倾翻试验用于评价运输包装件抗倾翻冲击能力和倾翻时包装对产品的保护能力。

1. 试验设备

倾翻施力装置应能在试验样品重心上部施加足够水平力使其倾翻。倾翻时,不得引起试验样品在冲击台面上滑动。

冲击台面应为整块物体的水平平面,有足够的面积和刚度,质量至少为试验样品质量的 50 倍。

2. 试验方法

将试验样品(必要时,经温湿度预处理)按预定状态置于冲击台面,在其重心上方的适当位置逐渐施加水平力使其沿底棱自由倾翻。

对于细高状试验样品,应以正常状态放置,对其侧面进行倾翻,见图 6-17。

对于扁平状试验样品或底面不确定的试验样品,应把较小的面作为底面,对其较大的面进行倾翻,见图 6-18。

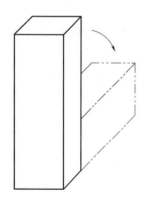

图 6-17 细高状样品倾翻示意

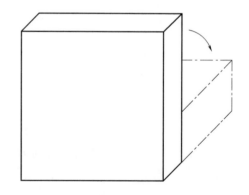

图 6-18 扁平状样品倾翻示意

第五节 压力试验评价

由于堆码等原因,物流过程中的运输包装件常受到静压和动压作用。压力是引起运输包装件破损的重要原因。压力试验用于评价运输包装件的抗压能力和包装对产品的保护能力。运输包装件压力试验主要分为堆码试验和压力试验两类。

一、堆 码 试 验

将经温湿度预处理的试验样品放在一个水平刚性平面上，并在上面施加均匀载荷。加载方式可分为实物堆码和模拟堆码两种。实物堆码加载就是用实际的运输包装件进行堆码，模拟堆码加载大多通过加载平板和砝码等重物来进行堆码。

试验保持预定的持续时间或直至运输包装件压坏为止。试验期间可随时记录试样的变形情况。

试验条件包括载荷、载荷持续时间、温湿度等，应依据实际物流堆码情况确定。

二、压 力 试 验

将经温湿度预处理的试验样品置于压力试验机的压板之间，逐渐均匀加压，直至试验样品损坏或达到预定载荷和位移值时为止。

压力试验机一般由电动机驱动、机械传动或液压传动，带动上压板以（10±3）mm/min 的速度匀速移动施加压力，如图 6-19 所示。压力试验机应带有记录装置，记录载荷—位移曲线。预定压力载荷应依据实际物流堆码情况确定。

图 6-19　压力试验机

第六节　机械搬运试验评价

大型运输包装件一般使用机械搬运设备搬运装卸（图 6-20）。机械搬运试验就是在试验场地再现机械搬运过程，评价运输包装件承受机械搬运时的强度和包装对产品的保护能力。机械搬运试验按使用的搬运设备分为起吊试验、夹紧搬运试验、叉车搬运试验和推拉搬运试验等。

一、起 吊 试 验

起吊试验用于评价运输包装件承受起吊作业时的强度和包装对产品的保护能力，适合于用绳索、钢链等吊挂货物的搬运，如图 6-21 所示。

图 6-20 机械搬运设备搬运装卸示例

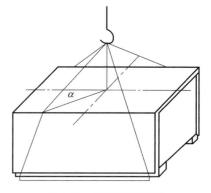

图 6-21 起吊试验示意

　　将绳索或钢链等置于试验样品底面上的预定起吊位置。绳索或钢链与试验样品顶面之间的夹角为 45°～50°。用起吊装置以正常速度（包装件质量小于 10t，起吊速度 18m/min；包装件质量大于 10t，起吊速度 9m/min）将试验样品提升至一定高度（1.0～1.5m）后，以紧急起吊和制动的方式反复上升、下降和左右运行 5min，再以正常速度降落至地面。重复上述试验 3～5 次。

二、夹紧搬运试验

　　夹紧搬运试验用以评价运输包装件承受重复侧面压力的能力。

　　夹紧搬运试验采用铲叉车的夹紧装置夹持运输包装件，夹紧装置应能测定出夹紧力。

　　试验时，夹紧装置夹持运输包装件，从最低的夹紧力开始逐渐增加夹紧力，直至能夹持并举起货物进行搬运，或用规定夹紧力进行搬运。然后，如图 6-22 所示，铲叉车以规定的速度、按规定的搬运路线搬运，包括加速、减速、转弯和过障碍物等过程。此试验可重复进行到预定的搬运次数或直到运输包装件发生失效。

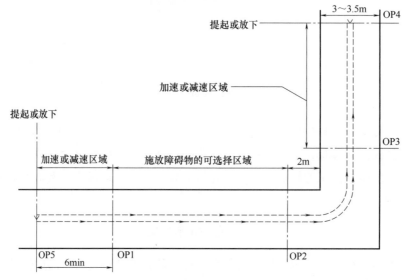

图 6-22 试验搬运路线示意

三、叉车搬运和推拉搬运试验

叉车搬运试验用于评价运输包装件承受叉车反复搬运的能力，见图 6-23。

推拉搬运试验用于评价运输包装件在铲叉抓紧装置的控制下承受反复推拉搬运的能力。

图 6-23 叉车搬运试验示意

参 考 文 献

[1]   王志伟. 现代包装力学 [J]. 包装工程，2002，23（1）：1-5.

[2]   王志伟. "运输包装"课程的教学改革与实践 [J]. 包装工程，2019，40（S1）：1-3.

[3]   彭国勋等. 物流运输包装设计 [J]. 北京：印刷工业出版社，2014.

[4]   周然，李云飞. 不同强度的运输振动对黄花梨的机械损伤及贮藏品质的影响 [J]. 农业工程学报，2007，23（11）：255-259.

[5]   于治会. 机电产品在车载运输过程中的振动情况 [J]. 电子机械工程，2000，88（6）：38-41.

[6]   GB/T 7031—2005. 机械振动　道路路面谱测量数据报告.

[7]   Zhou H，WANG Z-W. Measurement and analysis of vibration levels for express logistics transportation in South China [J]. Packaging Technology and Science，2018，31（10）：665-678.

[8]   Zhou H，WANG Z-W. A new approach for road-vehicle vibration simulation [J]. Packaging Technology and Science，2018，31（5）：246-260.

[9]   Wang Z-W，Fang K. Dynamic performance of stacked packaging units [J]. Packaging Technology and Science，2016，29（10）：491-511.

[10]   Fang K，Wang Z-W. The statistical characteristics of maxima of contact force in stacked packaging units under random vibration [J]. Packaging Technology and Science，2018，31（5）：261-276.

[11]   GB/T 4797.1—2005. 电工电子产品自然环境条件 温度和湿度.

[12]   徐国葆. 我国沿海大气中盐雾含量与分布 [J]. 环境技术，1994，1994（3）：1-7.

[13]   侯梦莹，李芊芊，袁甜甜等. 南方滨海地区盐雾沉降的时空分布—以福建古雷半岛为例 [J]. 生态学杂志，2019，38（8）：2524-2530.

[14]   GB/T 4796—2017　环境条件分类　环境参数及其严酷程度.

[15]   GB/T 4798.2—2008　电工电子产品应用环境条件　第2部分：运输.

[16]   Newton RE. Fragility assessment theory and test procedure. Monterey Research Laboratory，Monterey，California，USA，1968.

[17]   Wang Z-W，Wang L-J. On accelerated random vibration testing of product based on component acceleration RMS-life curve [J]. Journal of Vibration and Control，2018，24（15）：3384-3399.

[18]   Wang Z-W，Wang L-J. Accelerated random vibration testing of transport packaging system based on acceleration PSD [J]. Packaging Technology and Science，2017，30（10）：621-643.

[19]   Wang L-J，Lai Y-Z，Wang Z-W. Fatigue failure and Grms-N curve of corrugated paperboard box [J]. Journal of Vibration and Control，2020，26（11-12）：1028-1041.

[20]   Wang L-J，Wang Z-W，Rouillard V. Investigation on vibration scuffing life curves [J]. Packaging Technology and Science，2018，31（8）：523-531.

[21]   Wang Z-W. On evaluation of product dropping damage [J]. Packaging Technology and Science，2002，15（3）：115-120.

[22]   Wang Z-W. Dropping damage boundary curves for cubic and tangent package cushioning system [J]. Packaging Technology and Science，2002，15（5）：263-266.

[23]   Wang Z-W，Jiang J-H. Evaluation of product dropping damage based on key component [J]. Packaging Technology and Science，2010，23（4）：227-238.（Presented at the 15th IAPRI World Conference on Packaging，Tokyo，Japan，2006）

[24]   Jiang J-H，Wang Z-W. Dropping damage boundary curves for cubic and hyperbolic tangent packa-

ging systems based on key component [J]. Packaging Technology and Science，2012，25（7）：397-411.

[25] Wang Z-W，Hu C-Y. Shock spectra and damage boundary curves for non-linear package cushioning systems [J]. Packaging Technology and Science，1999，12（5）：207-217.

[26] 王军，王志伟. 考虑易损件的正切型包装系统冲击破损边界曲面研究 [J]. 振动与冲击，2008，27（2）：166-167＋185.

[27] Wang Z，Wu C，Xi D. Damage boundary of a packaging system under rectangular pulse excitation [J]. Packaging Technology and Science，1998，11（4）：189-202.

[28] Lu L-X，Wang Z-W. Dropping bruise fragility and bruise boundary of apple fruit [J]. Transactions of the ASABE，2007，50（4）：1323-1329.

[29] 叶晨炫，王志伟. EPE 和 EVA 发泡缓冲材料吸能特性表征 [J]. 包装工程，2012，33（1）：40-45.

[30] 王立军，张岩，王志伟. 循环压缩和冲击下聚氨酯发泡塑料的能量吸收 [J]. 振动与冲击，2015，34（5）：44-48.

[31] E Y-P，Wang Z-W. Stress plateau of multilayered corrugated paperboard in various ambient humidities [J]. Packaging Technology and Science，2012，25（4）：187-202.

[32] 王志伟，姚著. 蜂窝纸板冲击压缩的试验研究和有限元分析 [J]. 机械工程学报，2012，48（12）：49-55.

[33] E Y-P，Wang Z-W. Plateau stress of paper honeycomb as response to various relative humidities [J]. Packaging Technology and Science，2010，23（4）：203-216.

[34] Wang Z-W，E Y-P. Energy absorption properties of multi-layered corrugated paperboard in various ambient humidities [J]. Materials and Design，2011，32（6）：3476-3485.

[35] Wang Z-W，E Y-P. Energy-absorbing properties of paper honeycombs under low and intermediate strain rates [J]. Packaging Technology and Science，2012，25（3）：173-185.（Presented at the 25th IAPRI Symposium on Packaging，16-18 May 2011，Berlin）.

[36] Wang Z-W，E Y-P. Mathematical modelling of energy absorption property for paper honeycomb in various ambient humidities [J]. Materials and Design，2010，31（9）：4321-4328.

[37] Wang D-M，Wang Z-W，Liao Q-H. Energy absorption diagrams of paper honeycomb sandwich structures [J]. Packaging Technology and Science，2009，22（2）：63-67.

[38] E Y-P，Wang Z-W. Effect of relative humidity on energy absorption properties of honeycomb paperboards [J]. Packaging Technology and Science，2010，23（8）：471-483.

[39] 曹景山，张新昌，赵瑞. 废纸纤维发泡制品的静态缓冲性能及曲线拟合 [J]. 包装工程，2018，39（9）：37-43.

[40] 王雪芬，陆佳平. 充气袋承载与缓冲特性的试验研究 [J]. 包装工程，2013，34（19）：55-58.

[41] 计宏伟，王怀文. 基于高速图像测量技术的缓冲材料缓冲性能的表征 [J]. 振动与冲击，2011，30（9）：216-220.

[42] 孙德强，金强维，李国志. 发泡聚丙烯动态缓冲性能分析 [J]. 包装工程，2019，40（3）：114-119.

[43] Wang Z-W，Wang L-J. Equivalence between acceleration RMS-life and stress-life curves for accelerated random vibration testing of product or packaged product. Proceedings of 29th IAPRI Symposium on Packaging，Enschede，The Netherlands，2019.

［44］ Wang Z-W. Principle，method and practice of accelerated random vibration test of packaged product. Proceedings of 28th IAPRI Symposium on Packaging，146-152，HEIG-VD（ISBN：978-2-8399-2120-6），Lausanne，Switzerland，2017.

［45］ GB/T 19784—2005 收缩包装.

［46］ 王志伟. 智能包装技术及应用［J］. 包装学报，2018，40（1）：27-33.

［47］ Yam KL，Takhistov PT，Miltz J. Intelligent packaging：concepts and applications［J］. Journal of Food Science，2005，70（1）：R1-R10.

［48］ 王志伟，方科，叶晨炫. 一种物流集装箱多参数智能监测系统以及监测方法，发明专利 ZL 201210311657.0，2016-04-13.

［49］ Ghaani M，Cozzolino CA，Castelli G，et al. An overview of the intelligent packaging technologies in the food sector［J］. Trends in Food Science & Technology，2016，51：1-11.

［50］ 孙诚等. 包装结构设计［M］：第四版. 北京：中国轻工业出版社，2017.

［51］ Mckee RC，Gander JW，Wachuta JR. Compression strength formula for corrugated boxes［J］. Paperboard Packaging，1963，48（8）：149-159.

［52］ Urbanik TJ，Frank B. Box compression analysis of world-wide data spanning 46 years［J］. Wood and Fiber Science，2006，38（3）：399-416.

［53］ Frank B. Corrugated box compression—a literature survey［J］. Packaging Technology and Science，2014，27（2）：105-128.

［54］ 卫佩行等. 基于 Ansys 的机电产品框架型包装箱有限元分析［J］. 木材加工机械，2014，（4）：9-12.

［55］ Wang Z-W，Zhong L-L. Finite element analysis and experimental investigation of beer bottle-turn-over boxes transport unit under random vibration excitation［J］. Packaging Technology and Science，2020，33（6）：197-214.

［56］ Rouillard V，Lamb MJ. Using the Weibull distribution to characterise road transport vibration levels［J］. Packaging Technology and Science，2020，33（7）：255-266.

附录一 "运输包装"课程实验教学大纲和指导书

一、"运输包装"课程实验教学大纲

实验概述

运输包装实验由运输包装材料实验和运输包装系统实验组成，它是对运输包装材料和运输包装系统在物流环境作用下的包装防护性能作出实验评价，包括缓冲包装材料的性能评价实验、环境试验、振动试验、冲击试验、堆码和压力试验、机械搬运试验等。本课程实验教学大纲选取了两组实验作为核心实验内容：（1）缓冲包装材料缓冲性能实验：静态缓冲系数实验，最大加速度-静应力曲线实验；（2）运输包装振动与跌落综合实验。选修实验内容可根据实际情况另定。

实验目的和要求

通过缓冲包装材料的缓冲性能实验，掌握缓冲包装材料缓冲性能表征与评价方法；通过运输包装振动与跌落综合实验，掌握运输包装系统防护性能的评价方法。

主要原理及概念

（1）在材料试验机上对选用缓冲材料试样施加压缩载荷，获取试样的压缩应力-应变曲线。根据缓冲系数的定义编程计算获取试样的静态缓冲系数曲线。

（2）在材料冲击试验机上对选用缓冲材料试样施加冲击载荷，加速度传感器记录冲击的加速度-时间历程和加速度峰值，进而获得试样的最大加速度-静应力曲线。

（3）在振动试验机试验台上对选用运输包装系统按预设的程序施加振动，评价运输包装系统的抗振防护性能。

（4）在跌落试验机上对选用运输包装系统按预设的程序进行跌落试验，评价运输包装系统的抗跌落防护性能。

实验环境

实验环境按 GB/T 4857.2 运输包装件温湿度调节处理执行。

实验内容

（1）缓冲包装材料缓冲性能实验：静态缓冲系数实验，最大加速度-静应力曲线。

（2）运输包装振动与跌落综合实验。

二、缓冲包装材料缓冲性能实验指导书

实验目的和要求

通过缓冲包装材料的缓冲性能实验，掌握缓冲包装材料缓冲性能表征与评价方法。

主要原理及概念

（1）在材料试验机上对选用缓冲材料试样施加压缩载荷，获取试样的压缩应力-应变

曲线。根据缓冲系数的定义编程计算获取试样的静态缓冲系数曲线。

（2）在材料冲击试验机上对选用缓冲材料试样施加冲击载荷，加速度传感器记录冲击的加速度-时间历程和加速度峰值，进而获得试样的最大加速度-静应力曲线。

实验环境

实验环境按 GB/T 4857.2 运输包装件温湿度调节处理执行。

实验内容

（1）在材料试验机上按静态压缩试验标准或程序对选用缓冲材料试样施加静态压缩载荷，记录下试样的压缩应力-应变曲线。根据缓冲系数的定义，编制计算机程序，作出试样的静态缓冲系数曲线。材料试验机、试样、压缩载荷等根据实际情况选定。

（2）在材料冲击试验机上按冲击试验标准或程序对选用缓冲材料试样施加冲击载荷，加速度传感器记录冲击的加速度-时间历程和加速度峰值，获得最大加速度-静应力曲线上的一个坐标点。实验中，改变重锤的重量，重复实验，可获得加速度-静应力曲线。改变缓冲材料试样厚度，可获得加速度-静应力曲线族。改变重锤的自由跌落高度，可获得不同加速度-静应力曲线族。材料冲击试验机、试样、重锤重量、重锤自由跌落高度等根据实际情况选定。

实验报告

实验后完成实验报告书。

三、运输包装振动与跌落综合实验指导书

实验目的和要求

通过运输包装振动与跌落综合实验，掌握运输包装系统防护性能的评价方法。

主要原理及概念

（1）在振动试验机试验台上对选用运输包装系统按预设的程序施加振动，评价运输包装系统的抗振防护性能。

（2）在跌落试验机上对选用运输包装系统按预设的程序进行跌落试验，评价运输包装系统的抗跌落防护性能。

实验环境

实验环境按 GB/T 4857.2 运输包装件温湿度调节处理执行。

实验内容

（1）将运输包装系统试样放置和固定在振动试验机试验台上，按实验需要选定振动频率、振动加速度、扫频速率、PSD 频谱、实验持续时间或扫频次数等实验量，设定振动程序，按振动试验标准或程序对选用运输包装系统试样按预设的程序施加振动，加速度传感器记录产品上选定点的响应。实验后按有关标准规定检查包装及产品的损坏情况，分析试验结果，对运输包装系统的抗振防护性能作出评价。运输包装振动实验包括了定频振动、变频振动、随机振动等实验，可根据实际情况选做一个、部分或全部振动实验。振动试验机、运输包装系统试样、产品上响应点的确定等根据实际情况选定。

（2）将运输包装系统试样按预设高度和跌落姿态安置在跌落试验机上，对试样按预设

的程序进行自由跌落试验，加速度传感器记录产品上选定点的响应。实验后按有关标准规定检查包装及产品的损坏情况，分析试验结果，对运输包装系统的抗跌落防护性能作出评价。运输包装跌落实验包括了面跌落、棱跌落、角跌落实验。跌落试验机、运输包装系统试样、跌落高度、产品上响应点的确定等根据实际情况选定。

实验报告

实验后完成实验报告书。

附录二　运输包装系统设计指导书

一、设 计 目 的

以培养学生给出运输包装系统完整解决方案为主要目标，要求学生在老师指导下综合应用运输包装知识完成某一产品（机械产品、电子产品、食品、果蔬等）的运输包装系统设计，有效提升学生的工程设计和创新能力。

二、设计内容和步骤

1. 运输包装系统总体方案设计

对产品、物流环境、防护等进行分析，从包装安全化、标准化、集装化、信息化和智能化、绿色化五个方面考虑，构思、形成产品运输包装系统总体方案，包括：

（1）运输包装技术应用　针对产品特性和客户需求，通过流通环境条件调研，明确物流对产品造成的可能危害，提出运输包装系统设计防护要点。考虑应用哪些物流运输包装技术和防护措施，才能科学、有效保护产品，保障产品物流安全？一般而言，对工业品、电子产品等，物流中振动、冲击的防护是首先要考虑的，可采用缓冲包装技术，同时，还要考虑防潮、防锈、防霉、密封等设计；对农产品、食品、药品、生物制品等，物流中的保鲜、密封阻隔、温度控制是首先要考虑的，可采用阻隔包装技术、真空或气调包装技术、冷链运输包装技术等，同时，还要考虑对振动、冲击的防护，采用缓冲包装技术；对危险品、军品，其运输包装系统还有特殊的要求。

（2）外包装容器设计　外包装容器连同缓冲包装应能有效保护内容产品免受振动、冲击的损坏，具有足够的强度和刚度承受物流过程中的静压和动压作用。其规格尺寸的设计应符合包装标准化、集装化和绿色化的要求。

（3）集装单元设计　通过集装单元的设计，实现产品物流过程的标准化、配套化、自动化和系统化。

（4）信息功能实现　科学设计标识、标志、条码等，给出足够的产品信息。合理应用RFID技术、智能包装技术和物联网技术传递和交流信息，实现物流过程的信息化和智能化。

2. 运输包装系统详细设计

详细设计各部分包括：

（1）运输包装技术应用　设计和细化应用的各运输包装技术和防护措施，包括缓冲包装技术，防振包装设计，防潮、防锈、防霉、密封设计，阻隔包装技术，真空或气调包装技术，冷链运输包装技术等。对于缓冲包装技术，采用"六步法"设计流程，合理选择缓冲材料，考虑缓冲形式、固定与分隔、局部保护等，进行缓冲垫结构设计和尺寸设计。注意各应用技术的融合。

（2）外包装容器设计　按抗冲击和振动、抗压强度和刚度的要求，设计和细化外包装容器形式、材料和尺寸。外包装容器应符合标准化、集装化和绿色化要求，其规格尺寸应与托盘、集装箱等集装器具相匹配，与运输工具相匹配，结构设计要考虑方便装卸搬运和储存，材料使用要尽可能减量化，并便于回收、复用和处理。外包装容器材料应能有效抵抗物流中外界气候环境条件作用，同时，应与内容产品相容，不会对产品尤其是食品和药品造成不良影响。

（3）集装单元设计　合理选择和设计集装单元的结构、规格和尺寸，如托盘和集装箱的选择。考虑集装单元上的产品（包装件）堆码、固定与支撑。

（4）信息功能实现　设计和细化运输包装标志，详细设计条码、射频标签、自动数据采集与电子数据交换，传递和交流产品和物流信息。

3. 运输包装试验评价大纲编制

试验评价大纲编制应包括物流环境条件描述、产品保护要点、试验项目和试验方法选择、试验强度（参数）确定、试验顺序和试验结果评价标准等。关键是运输包装试验项目的选择和组合。

4. 包装成本估算

按市场估算产品运输包装的材料、制造和人力等成本，形成产品运输包装成本估算。

三、设 计 要 求

1. 完成运输包装系统设计书

2. 给出应用的各运输包装技术和防护措施设计图，给出缓冲垫设计详图和外包装容器设计详图，给出集装单元设计方案，给出信息功能实现方案。

3. 给出运输包装试验评价大纲。

4. 给出产品运输包装成本估算。

四、时 间 安 排

运输包装系统设计占用课内 10 学时和部分课外时间，安排在学期的第 15～18 周完成。

序号	内容	时间
1	布置运输包装系统设计任务	第 15 周下半周
2	运输包装系统总体方案设计	第 15 周下半周至第 16 周上半周
3	运输包装系统详细设计	第 16 周下半周至第 17 周
4	试验评价大纲编制,包装成本估算	第 18 周上半周
5	完成运输包装系统设计书	第 18 周下半周

附录三 《运输包装》各章测验题

绪　　论

1. 运输包装的发展包括（　　）

（A）运输包装容器和集装器具的发展、运输包装技术的发展

（B）运输包装容器和集装器具的发展、运输包装设计理论的发展

（C）运输包装容器和集装器具的发展、运输包装技术的发展、运输包装设计理论的发展

（D）运输包装技术的发展、运输包装设计理论的发展

2. 运输包装功能和作用包括（　　）

（A）保障产品物流安全、传递交流信息

（B）提高物流效率、兼顾促进产品销售

（C）保障产品物流安全、提高物流效率、传递交流信息、兼顾促进产品销售

（D）保障产品物流安全、传递交流信息、兼顾促进产品销售

第一章　物流环境条件

1. 产品流通基本环节为（　　）

（A）装卸搬运环节、储存环节

（B）运输环节、装卸搬运环节、储存环节

（C）运输环节、储存环节

（D）物流环节、运输环节、储存环节

2. 流通环境条件指（　　）

（A）物理、化学、生物等环境条件

（B）机械环境条件

（C）气候、生化环境条件

（D）气候环境条件

3. 包装件的冲击主要发生在（　　）

（A）装卸搬运环节

（B）装卸搬运环节和运输环节

（C）运输环节和储存环节

（D）装卸搬运环节和储存环节

4. 公路运输产生的冲击，主要取决于（　　）

（A）路面状况、车辆性能、车辆的启动和制动

(B) 载重量及装货固定方式

(C) 路面状况、车辆性能、车辆的启动和制动、车速等，也与载重量及装货固定方式有关

(D) 路面状况、车速

5. 铁路运输过程中，车辆的振动（　　）

(A) 仅与运行速度、过道叉、过弯道、过桥梁、上下坡、过轨道接头有关

(B) 仅与运行速度、运行状态、轨道基础及平整度有关

(C) 与运行速度、运行状态、轨道基础及平整度、载重量等都有关

(D) 仅与运行速度、运行状态、载重量有关

6. 路面频域模型是指（　　）

(A) 在一段有意义的时间频率范围内，用功率谱密度（PSD）方法来描述路面不平度

(B) 在一段有意义的空间频率范围内，用功率谱密度（PSD）方法来描述路面不平度

(C) 在一段有意义的时间频率范围内，用加速度谱密度 $G_a(n)$ 来描述路面不平度

(D) 在一段有意义的时间频率范围内，用速度谱密度 $G_v(n)$ 来描述路面不平度

7. 通常，运输中车辆底板的振动（　　）

(A) 垂直方向的强度与前后向差不多

(B) 垂直方向的强度比前后向和侧向明显大得多

(C) 垂直方向的强度与侧向差不多

(D) 垂直方向的强度比前后向和侧向明显小得多

8. 通常，运输中车辆底板的振动（　　）

(A) 加速度峭度明显大于 3，呈现出非高斯特征

(B) 加速度峭度接近于 3，呈现出非高斯特征

(C) 加速度偏度明显接近于 0，呈现出非高斯特征

(D) 加速度峭度接近于 0，呈现出非高斯特征

9. 关于堆码包装动压力的获取，下列哪种说法准确？（　　）

(A) 可通过建立堆码包装动态模型的分析方法或实际测试的实验方法获得

(B) 只能通过实际测试的实验方法获得

(C) 只能通过建立堆码包装动态模型的分析方法获得

(D) 通过建立堆码包装动态模型的分析方法或实际测试的实验方法都无法获得

10. 堆码包装动压力较静压力的放大倍数（　　）

(A) 仅与堆码包装的振型有关

(B) 仅与共振处频响函数值有关

(C) 与前几阶振型、共振处频响函数值和包装件所处位置有关

(D) 仅与静压力有关

11. 温度及其变化对包装件的影响有（　　）

(A) 使产品和包装材料发生热胀冷缩变形

(B) 可使产品品质下降，可使包装容器内发生水汽凝结

（C）可使产品品质下降，使产品和包装材料发生热胀冷缩变形，可使包装容器内发生水汽凝结

（D）可使包装容器内发生水汽凝结

12. 湿度对包装件的影响有（　　）

（A）可使包装材料物理性能产生变化，可使农产品、食品、药品等腐败、变质

（B）可使包装材料物理性能明显下降

（C）可使农产品、食品、药品等腐败、变质

（D）湿度对包装件的影响不大

13. 我国按照 GB/T 4796 对产品的环境条件按性质分为（　　）

（A）气候条件、生物条件、化学活性物质、机械活性物质、污染性液体、机械条件、电和电磁干扰

（B）气候条件、生物条件、化学条件

（C）气候条件、物理条件、化学条件、生物条件

（D）气候条件、机械条件、化学条件、生物条件

14. 2M3 表示（　　）

（A）运输过程--气候条件—3 级严酷程度

（B）运输过程--机械条件—3 级严酷程度

（C）运输过程--机械条件—2 级严酷程度

（D）运输过程--气候条件—2 级严酷程度

第二章　脆值及其评价方法

1. 产品破损包括（　　）

（A）失效和失灵

（B）失灵和商业性破损

（C）失效、失灵和商业性破损

（D）商业性破损

2. 关于产品脆值，下列哪种说法不准确？（　　）

（A）脆值是产品抗冲击能力的指标和体现

（B）脆值是产品受到的外界冲击的一种度量指标

（C）产品脆值指产品不发生物理损坏或功能失效所能经受的最大冲击加速度

（D）脆值是产品的固有属性

3. 关于产品受冲击后易损件加速度响应，下列哪种说法不准确？（　　）

（A）易损件加速度响应与产品外界加速度脉冲的幅值、作用时间、波形有关

（B）易损件加速度响应与易损件固有频率无关

（C）易损件加速度响应与脉冲作用时间与系统固有周期之比有关

（D）易损件加速度响应与易损件固有频率有关

4. 产品冲击响应谱指（　　）

（A）产品冲击时易损件的最大加速度响应与固有频率之间的关系，是一系列固有频率不同的产品冲击时易损件最大加速度响应的总结果

（B）产品冲击时易损件的加速度响应与固有频率之间的关系

（C）产品冲击时易损件的加速度响应与脉冲作用时间的关系

（D）产品冲击时易损件的最大加速度响应与脉冲波形的关系

5. 关于产品破损边界，下列哪种说法不准确？（　　）

（A）它刻画产品破损临界状态与产品所经受的加速度脉冲的幅值、速度改变量、波形之间的关系

（B）它刻画产品破损与否与产品所经受的加速度脉冲之间的关系

（C）它刻画产品破损与否与产品所经受的加速度脉冲幅值之间的关系

（D）它刻画产品破损临界状态与产品所经受的加速度脉冲之间的关系

6. 关于产品破损边界与产品脆值，下列哪种说法准确？（　　）

（A）加速度脉冲幅值低于易损件脆值，产品不会破损

（B）加速度脉冲幅值低于易损件脆值（$A_c g$）的 1/2，或脉冲速度改变量低于易损件脆值（$A_c g$）与其固有圆频率的比值（$\Delta V < \dfrac{A_c g}{\omega_0}$），产品不会破损

（C）脉冲速度改变量小于 $A_c g / 6 f_0$（$\Delta V < \dfrac{A_c g}{6 f_0}$），产品不会破损

（D）脉冲速度改变量小于 $A_c g / 4 f_0$（$\Delta V < \dfrac{A_c g}{4 f_0}$），产品不会破损

7. 目前，通过实验测定产品破损边界是指（　　）

（A）测定临界速度线和临界加速度线

（B）测定全部破损边界曲线，包括临界速度线、临界加速度线及其连接光滑线段

（C）测定临界加速度线

（D）测定临界速度线

8. 实验测取产品破损边界后，下列哪种说法不准确？（　　）

（A）产品脆值即为测得的临界加速度值

（B）可得到易损件的频率

（C）易损件的脆值即为测得的临界加速度值

（D）易损件的脆值为测得的临界加速度值的 2 倍

9. 关于包装件跌落破损边界，下列哪种说法不准确？（　　）

（A）它刻画跌落破损临界状态与名义频率比 ω_1/ω_2、质量比 λ 及无量纲跌落速度 V 之间的关系

（B）它刻画跌落破损临界状态与包装件所经受的加速度脉冲的幅值、速度改变量、波形之间的关系

（C）不同质量比 λ 下包装件跌落破损边界是不同的

（D）它刻画易损件破损临界状态与包装件跌落高度、产品特性、包装材料特性之间的关系

197

10. 关于包装件在加速度脉冲作用下的冲击响应，下列哪种说法准确？（　　）

（A）它仅与包装件所经受的加速度脉冲有关

（B）它仅与包装件系统特性参数有关

（C）它与包装件系统特性参数和所经受的加速度脉冲都有关

（D）它仅与包装件跌落高度有关

第三章　缓冲包装材料

1. 关于缓冲包装，下列哪种说法不准确？（　　）

（A）缓冲包装是指用缓冲材料、结构、元件保护内容产品，避免过量冲击和振动而造成产品破损的一种技术或包装形式

（B）缓冲介质层支撑、包裹产品，对产品起缓冲作用

（C）缓冲包装设计最核心的就是要设计好外包装容器

（D）缓冲包装设计最核心的就是要设计好缓冲介质层

2. 关于缓冲材料，下列哪种说法不准确？（　　）

（A）瓦楞纸板、蜂窝纸板、纸浆模等纸制品属于结构型发泡缓冲材料，实际应用很多

（B）缓冲材料需满足物理化学性能、加工工艺性、环保和经济性的基本要求

（C）常用缓冲材料和结构有纤维类、发泡类、气垫气柱气袋结构类、弹簧类

（D）瓦楞纸板、蜂窝纸板、纸浆模等纸制品属于结构型纤维类缓冲材料，实际应用很多

3. 关于缓冲材料力学模型，下列哪种说法不准确？（　　）

（A）它包括线弹性材料模型、正切型材料模型、双曲正切型材料模型、三次非线性材料模型和更为一般的非线性缓冲材料模型

（B）正切型材料模型属于线性缓冲材料模型

（C）双曲正切型材料模型属于非线性缓冲材料模型

（D）弹性材料模型属于线性缓冲材料模型

4. 瓦楞纸板的压缩变形过程（　　）

（A）可以分为线性阶段、屈服阶段和密实化阶段

（B）仅有线性阶段和密实化阶段

（C）仅有屈服阶段和密实化阶段

（D）仅有线性阶段和屈服阶段

5. 关于缓冲材料组合，下列哪种说法不准确？（　　）

（A）叠置后组合弹性模量与两个材料弹性模量和各自的厚度有关

（B）并列后组合弹性模量介于两种材料弹性模量之间

（C）并列后组合弹性模量与两个材料弹性模量和厚度有关

（D）叠置后组合弹性模量介于两种材料弹性模量之间

6. 对于两种材料的组合问题，不管是叠置还是并列，组合后材料的应力应变曲线
（　　）

（A）仅与两种材料的应力应变曲线有关

（B）介于两种材料的应力应变曲线之间

（C）仅与两材料的结构尺寸有关

（D）为两种材料的应力应变曲线的直接叠加

7. 关于发泡聚氨酯跌落冲击的动态压缩应力-应变曲线，下列哪种说法不准确？（　　）

（A）它与发泡聚氨酯静态压缩应力-应变曲线基本相同

（B）它与落锤跌落冲击高度有关，表明该材料有明显的应变率效应

（C）它与落锤跌落冲击速度有关，表明该材料有明显的应变率效应

（D）它与发泡聚氨酯静态压缩应力-应变曲线明显不同

8. 决定多层瓦楞纸板静态压缩平台应力的主要因素为（　　）

（A）瓦楞芯纸的屈服强度、瓦楞形状和楞型

（B）瓦楞芯纸的屈服强度、瓦楞形状和楞型、厚跨比

（C）瓦楞芯纸的屈服强度、瓦楞形状和楞型、应变率

（D）瓦楞芯纸的瓦楞形状和楞型、应变率

9. 决定蜂窝纸板吸能性能的主要因素为（　　）

（A）厚跨比、应变率和湿度

（B）蜂窝材料屈服强度、厚跨比和湿度

（C）纸材料屈服强度、厚跨比、应变率和湿度

（D）纸材料屈服强度、应变率和湿度

10. 蜂窝纸板的静态和动态压缩应力-应变曲线具有明显的阶段性，分别为（　　）

（A）弹性阶段、屈曲平台阶段和密实化阶段

（B）弹性阶段、首次屈曲阶段和密实化阶段

（C）弹性阶段、首次屈曲阶段、屈曲平台阶段和密实化阶段

（D）首次屈曲阶段、屈曲平台阶段和密实化阶段

11. 关于材料的能量吸收图，下列哪种说法不准确？（　　）

（A）它刻画材料能量吸收与应力之间的关系

（B）它刻画材料能量吸收与应变之间的关系

（C）它与材料应力-应变曲线不相关

（D）它是应力-应变曲线的变体

12. 关于蜂窝纸板，下列哪种说法不准确？（　　）

（A）跌落冲击和准静态压缩两种情况下的能量吸收明显不同

（B）跌落冲击和准静态压缩两种情况下的平台应力基本相同

（C）跌落冲击时平台应力出现剧烈的波动，反映了蜂窝纸板跌落冲击时蜂窝的动态
屈曲和叠缩变形特征

（D）跌落冲击和准静态压缩两种情况下的平台应力明显不同

13. 关于缓冲系数，下列哪种说法不准确？（　　　）

（A）缓冲材料变形过程中，材料内各点的缓冲系数是相同的

（B）它表征了材料一定应力水平下吸收能量的能力

（C）它定义为缓冲材料压缩变形时的应力除于该应力下材料所吸收的能量

（D）它为缓冲效率的倒数

14. 关系缓冲系数的测定，下列哪种说法不准确？（　　　）

（A）准静态压缩法测得的是材料静态缓冲系数

（B）利用落锤冲击试验机测得的是材料动态缓冲系数

（C）不管是采用准静态压缩法还是动态冲击法测得的材料缓冲系数是一致的

（D）采用准静态压缩法与动态冲击法测得的材料缓冲系数一般会有差异

15. 材料最大加速度-静应力曲线（　　　）

（A）刻画产品最大加速度响应 G_m 与跌落高度 H、产品重量 mg、缓冲材料尺寸面积 A 和厚度 T 之间的关系

（B）仅刻画产品最大加速度响应 G_m 与静应力 σ_{st} 之间的关系

（C）刻画产品最大加速度响应 G_m 与静应力 σ_{st}、跌落高度 H、材料厚度 T 之间的关系

（D）刻画产品加速度响应与应力、跌落高度 H、材料厚度 T 之间的关系

16. 关于材料最大加速度-静应力曲线的测定，下列哪种说法不准确？（　　　）

（A）材料最大加速度-静应力曲线可利用落锤冲击试验机测定

（B）实验中，不需改变重锤的重量，仅需改变缓冲材料试样厚度和重锤的跌落高度，就可获得材料最大加速度-静应力曲线族

（C）实验中，需利用加速度传感器记录重锤上的冲击加速度峰值

（D）实验中，需分别改变重锤的重量、材料试样厚度和重锤的跌落高度，才可获得材料完整的最大加速度-静应力曲线族

第四章　缓冲包装设计

1. 缓冲包装设计要解决的核心问题是（　　　）

（A）缓冲、固定与分隔

（B）缓冲材料的选择、缓冲垫的结构设计、缓冲垫的尺寸设计

（C）固定与分隔、缓冲垫的尺寸设计

（D）固定与分隔、局部保护

2. 缓冲包装设计六步法描述的是（　　　）

（A）产品缓冲包装设计流程或步骤

（B）缓冲垫设计方法

（C）缓冲包装结构设计方法

（D）缓冲包装设计计算方法

3. 缓冲包装结构形式有（　　）

（A）缓冲、固定与分隔

（B）全面缓冲包装、局部缓冲包装和悬挂式缓冲包装

（C）全面缓冲包装、局部缓冲包装

（D）缓冲、固定与分隔、局部保护

4. 关于缓冲包装结构设计，下列哪种说法不准确？（　　）

（A）产品的主件和附件包装在一起、或多个产品包装在一起时，需要通过结构设计对它们进行适当的固定与分隔

（B）局部缓冲包装就是在产品的底部进行缓冲包装

（C）悬挂式缓冲包装就是采用弹簧类或塑料薄膜等材料，将产品悬挂于外包装箱上

（D）全面缓冲包装就是用缓冲材料（缓冲垫）把产品全面包裹

5. 若产品整体由多个部件组装在一起形成，而且各部件都需要合适的缓冲保护时，缓冲包装结构设计需考虑（　　）

（A）固定与分隔

（B）全面缓冲包装

（C）多个缓冲结构的组合设计

（D）局部缓冲包装

6. 根据材料缓冲系数进行缓冲垫尺寸设计的公式是（　　）

（A）按产品跌落破损临界状态下的缓冲垫应力和跌落过程能量守恒推导得到

（B）按产品跌落破损临界状态下的缓冲垫应力推导得到

（C）按产品跌落过程能量守恒推导得到

（D）按产品受脉冲冲击时缓冲垫应力和能量守恒推导得到

7. 若取缓冲系数曲线上的最低点进行缓冲垫设计，缓冲垫（　　）

（A）厚度为最小

（B）缓冲垫面积最小

（C）最省材料

（D）最不省材料

8. 在最大加速度-静应力曲线上作出最大加速度等于产品许用脆值的水平线（　　）

（A）水平线与曲线的交点为缓冲垫的最安全设计点

（B）水平线以下曲线上的最低点为缓冲垫的临界设计点

（C）水平线以下曲线上的最低点为缓冲垫的最安全设计点

（D）水平线与曲线的两个交点均为该厚度缓冲垫的最省材料设计

9. 当作用于包装件的随机激励信号为宽带，则产品响应为（　　）

（A）宽带信号

（B）窄带信号

（C）高斯白噪声信号

（D）白噪声信号

10．若产品加速度信号是一个稳态零均值高斯过程，产品加速度首次穿越破损概率
（　　　）

（A）仅与包装件固有频率、许用产品脆值、物流振动总时间有关

（B）仅与许用产品脆值、产品加速度功率谱有关

（C）与包装件固有频率、许用产品脆值、物流振动总时间、产品加速度功率谱有关

（D）与包装件固有频率无关

11．包装件内产品振动疲劳的时间　（　　　）

（A）与产品本身的加速度振动疲劳寿命曲线有关，还与包装件的固有频率有关

（B）与产品本身的加速度振动疲劳寿命曲线、包装件的固有频率、许用产品脆值
有关

（C）仅与产品本身的加速度振动疲劳寿命曲线有关

（D）与包装件固有频率无关

12．产品完成缓冲设计后，防振包装设计　（　　　）

（A）仅需校核产品加速度首次穿越破损概率是否在可以接受的水平内

（B）仅需校核包装件物流振动总时间是否小于产品振动疲劳时间

（C）需进行抗首次穿越和抗振动疲劳二方面的校核

（D）就是校核产品加速度振幅是否在可以接受的水平内

第五章　运输包装系统设计

1．运输包装系统的设计主要应考虑　（　　　）

（A）物流运输包装技术的应用、外包装容器的设计

（B）集装单元的设计、运输包装传递交流信息功能的实现

（C）物流运输包装技术的应用、外包装容器的设计、集装单元的设计、运输包装传
递交流信息功能的实现

（D）物流运输包装技术的应用、外包装容器的设计、集装单元的设计

2．关于收缩包装与拉伸缠绕包装技术，下列哪种说法不准确？（　　　）

（A）收缩包装技术是利用有热收缩性能的塑料薄膜将各种单件或多件产品（包装件）
裹包后，加热收缩，使薄膜收缩包紧产品或包装件形成单元整体的一种包装技术

（B）拉伸缠绕包装技术是利用拉伸薄膜拉伸后的回缩力将一个或多个产品（包装件）
牢固地捆束成易于搬运的单元整体的一种技术

（C）收缩包装与拉伸缠绕包装对薄膜材料的性能要求是一样的

（D）收缩包装的形式应根据产品的性质、质量、体积、形状、流通环境等综合因素
来确定

3．关于蓄冷保温箱，下列哪种说法不准确？（　　　）

（A）蓄冷保温箱温控设计主要涉及相变蓄冷剂和隔热箱体设计

（B）蓄冷保温箱的热交换是通过对流和辐射作用的结果

（C）蓄冷保温箱需视产品特性进行温度设计，不同产品需要的温度控制不同

（D）蓄冷保温箱的热交换是通过传导、对流和辐射共同作用的结果

4. 关于智能包装，下列哪种说法不准确？（　　　）

（A）智能包装具有如感知、检测、记录、追踪、通讯、逻辑等智能功能

（B）智能包装在整个供应链中担当信息感知、储存、传递、反馈等重要通讯交流功能

（C）活性包装是智能包装中的一类

（D）活性包装和智能包装概念上有区别

5. 目前，实现智能运输包装主要有三种技术（　　　）

（A）传感器技术、指示剂技术和无线射频识别技术

（B）印刷电子技术、时间-温度指示剂技术和无线射频识别技术

（C）生物传感器技术、指示剂技术和无线射频识别技术

（D）印刷电子技术、指示剂技术和无线射频识别技术

6. 外包装容器运输包装设计的一般要求为（　　　）

（A）经受振动、冲击、压力的强度要求，包装标准化、集装化和绿色化的要求，抵抗气候环境条件作用的要求

（B）经受振动、冲击、压力的强度和刚度要求，包装标准化、集装化和绿色化的要求，与内容产品相容的要求

（C）经受振动、冲击、压力的强度和刚度要求，包装标准化、集装化和绿色化的要求，抵抗气候环境条件作用的要求，与内容产品相容的要求

（D）经受振动、冲击、压力的强度要求，包装标准化、集装化和绿色化的要求

7. 瓦楞纸箱强度设计主要涉及（　　　）

（A）瓦楞纸箱堆码静压强度，瓦楞纸板耐破强度、戳穿强度和边压强度

（B）瓦楞纸箱堆码静压强度和动压强度，瓦楞纸板耐破强度、戳穿强度和边压强度

（C）瓦楞纸箱堆码静压强度、动压强度和抗冲击强度

（D）瓦楞纸板的耐破强度、戳穿强度和边压强度

8. 关于木包装箱分类，下列哪种说法不准确？（　　　）

（A）按内装产品重量和尺寸，木包装箱分小型、中型和大型箱

（B）按结构特征，木包装箱分为普通木箱、滑木箱、框架木箱和其他木质包装箱

（C）按内装产品在箱内的载荷情况和流通环境条件的不同分为普通木箱、一级木箱和二级木箱

（D）按内装产品在箱内的载荷情况和流通环境条件的不同分为一级和二级木包装箱

9. 滑木箱和框架木箱强度设计主要涉及（　　　）

（A）起吊强度、堆码强度和抗振动强度

（B）起吊强度、堆码强度和抗冲击强度

（C）堆码强度、抗冲击强度和抗振动强度

（D）起吊强度、抗冲击强度和抗振动强度

10. 塑料运输包装容器性能要求主要涉及 （　　　）

（A）强度要求，密封性要求，耐疲劳、耐温性能要求

（B）强度要求、密封性要求、耐冲击和振动要求

（C）耐冲击和振动要求、密封性要求、耐温性能要求

（D）强度要求、密封性要求

11. 塑料运输包装容器要获得优良的性能 （　　　）

（A）需从塑料的物理化学性能、加工成型工艺、容器形状结构等方面加以考虑

（B）需从容器的形状结构和工艺结构两方面考虑

（C）需从容器的形状结构、工艺结构和成型收缩三方面考虑

（D）需从塑料的物理化学性能、容器形状结构两方面考虑

12. 关于钢桶，下列哪种说法不准确？（　　　）

（A）钢桶主要由桶身、桶底和桶顶（桶盖）组成

（B）钢桶按开口型式分为开口钢桶和闭口钢桶

（C）钢桶的规格尺寸目前还未标准化

（D）钢桶的规格尺寸已标准化

13. 对钢桶使用性能进行校验，试验项目一般包括 （　　　）

（A）气密试验、振动试验、堆码试验和跌落试验

（B）气密试验、液压试验、振动试验和跌落试验

（C）气密试验、液压试验、堆码试验和跌落试验

（D）气密试验、液压试验、振动试验和堆码试验

14. 关于集装单元，下列哪种说法不准确？（　　　）

（A）集装单元指用各种不同的方法和器具，将一定数量的产品或包装件集装形成一个合适的作业单元，便于物流的装卸搬运、储存和运输

（B）集装单元指集装箱、集装架和托盘

（C）集装单元化是实现物流标准化和批量化的前提和基础

（D）集装单元已成为高速、高效物流的最有效途径

15. 我国国家标准《GB/T 2934—2007 联运通用平托盘　主要尺寸及公差》中将托盘平面尺寸规格确定为 （　　　）

（A）1219mm × 1016mm、1200mm × 1000mm、1200mm × 800mm、1140mm × 1140mm、1100mm × 1100mm 和 1067mm × 1067mm

（B）1200mm × 1000mm 和 1100mm × 1100mm

（C）1200mm × 1000mm、1100mm × 1100mm 和 1067mm × 1067mm

（D）1200mm × 1000mm

16. 托盘集装单元强度设计主要涉及 （　　　）

（A）振动强度、堆码强度、叉举强度、抗冲击强度和稳定性

（B）吊起强度、堆码强度、振动强度、抗冲击强度和稳定性

（C）货架强度、堆码强度、叉举强度、抗冲击强度和稳定性

（D）振动强度、堆码强度、叉举强度、抗冲击强度

17. 关于集装箱，下列哪种说法不准确？（　　）

（A）系列 1 集装箱共 15 种规格，宽度不统一，长度有 5 种，高度有 4 种

（B）箱识别标记唯一标识了全球范围内的每一个集装箱，包括箱主代码、设备识别码、箱号和校验码

（C）尺寸和箱型标记包括尺寸代码和箱型代码

（D）集装箱的装卸搬运常有吊装和滚装两种方式

18. 关于集装箱的设计，下列哪种说法不准确？（　　）

（A）集装箱强度设计可采用有限元软件或集装箱专用软件进行集装箱整体的建模、分析、设计和优化

（B）国家标准设计了一系列试验对集装箱进行静动态强度和刚度校核

（C）一般用整体喷水试验方法校验集装箱的风雨密闭性

（D）集装箱强度设计主要涉及箱垛堆码强度、顶角件起吊强度、底角件起吊强度、纵向栓固强度、端壁强度、侧壁强度、顶部强度、底部强度、横向刚度、纵向刚度、叉举强度等

19. 我国国家标准《GB/T 4892　硬质直方体运输包装尺寸系列》中规定的包装模数为（　　）

（A）600mm×400mm，600mm×500mm 和 550mm×366mm

（B）600mm×400mm 和 600mm×500mm

（C）600mm×400mm 和 550mm×366mm

（D）600mm×400mm

20. 运输包装标志分为（　　）

（A）收发货标志、包装储运图示标志、危险货物包装标志和包装回收标志

（B）收发货标志、包装储运图示标志和包装回收标志

（C）收发货标志、包装储运图示标志和危险货物标签

（D）包装储运图示标志、危险货物包装标志和包装回收标志

21. GS1 技术体系以商品条码系统为核心，包含（　　）

（A）编码体系、条码符号和电子数据交换

（B）编码体系、数据载体和电子数据交换

（C）编码体系、射频标签和电子数据交换

（D）条码符号、射频标签和电子数据交换

22. 关于系列货运包装箱代码（SSCC），下列哪种说法不准确？（　　）

（A）它是为物流单元提供唯一标识的代码

（B）它由扩展位、厂商识别代码、系列号和校验码四部分组成

（C）它是 13 位的数字代码，采用 EAN-13 码符号表示

（D）它是 18 位的数字代码，采用 GS1-128 码（UCC/EAN-128）符号表示

23. 关于 EAN 码，下列哪种说法不准确？（　　）

（A）对于 EAN-13 码，由条码符号所表示的供人识别字符为 13 位数字。对于 EAN-8 码，由条码符号所表示的供人识别字符为 8 位数字

（B）EAN 码字符集为数字 0~9 共 10 个数字字符，由三个逻辑式子集 A 子集、B 子集和 C 子集表示

（C）EAN-13 码中左侧数据符要根据前置码的数值在 A、B 子集中选用，右侧数据符及校验符均用 C 子集表示

（D）EAN-8 码中左侧数据符用 A 或 B 子集表示，右侧数据符及校验符用 C 子集表示

24. 关于 GS1-128 码，下列哪种说法不准确？（　　）

（A）它可表示 ASCII 字符集及扩展 ASCII 字符集中的全部字符

（B）转换字符（SHIFT）将先前确定的字符集 A 切换到字符集 B，或从字符集 B 切换到字符集 A

（C）GS1-128 码通过使用不同的起始符、切换字符、转换字符的组合，可以对相同的数据有不同的表示

（D）切换字符 CODE A（B 或 C）将先前确定的字符集切换到切换字符定义的新的字符集 A（B 或 C）

25. 关于储运包装商品编码与条码表示，下列哪种说法不准确？（　　）

（A）编码采用 13 位（GTIN-13）或 14 位（GTIN-14）代码结构

（B）14 位储运包装商品代码结构中的第 1 位数字为包装指示符，第 2 位到第 13 位数字为包含在储运包装商品内的零售商品代码去掉校验码后的 12 位数字

（C）变量储运包装商品的编码采用 13 位的代码

（D）同时又是零售商品的储运包装商品按 13 位的零售商品代码进行编码

26. 关于物流单元编码与条码表示，下列哪种说法不准确？（　　）

（A）物流单元标识代码是标识物流单元身份的唯一代码，编码采用 18 位的数字代码结构，用 GS1-128 码符号表示

（B）如果使用物流单元附加信息代码，则需与物流单元标识代码分开处理

（C）附加信息代码是标识物流单元相关信息的代码，由应用标识符和编码数据组成

（D）如果使用物流单元附加信息代码，则需与物流单元标识代码一并处理

27. 关于二维码，下列哪种说法不准确？（　　）

（A）快速响应矩阵码（QR Code）是具有代表性的堆叠式二维码

（B）按实现原理和结构形状可分为堆叠式二维码和矩阵式二维码

（C）矩阵式二维码是在一个矩形空间通过黑、白像素在矩阵中的不同分布进行编码

（D）PDF417 是具有代表性的堆叠式二维码

第六章　运输包装试验评价

1. 运输包装试验评价要注意以下两个关键技术问题（　　）

（A）①实际物流环境条件和运输包装状态在实验室的模拟与再现；②运输包装试验

项目的选择和组合

（B）①实际物流环境条件在实验室的模拟与再现；②运输包装试验强度的选择

（C）①实际物流物理、化学、生物、气候等环境条件在实验室的模拟与再现；②运输包装试验项目的选择和组合

（D）①实际物流环境条件在实验室的模拟与再现；②实际运输包装状态在实验室的模拟与再现

2. 运输包装试验评价主要分为以下几个大类（　　　）

（A）气候环境试验、随机振动试验、冲击试验、压力试验、机械搬运装卸试验、密封性试验

（B）气候环境试验、振动试验、冲击试验、压力试验、机械搬运装卸试验、密封性试验

（C）气候环境试验、振动试验、跌落冲击试验、压力试验、机械搬运装卸试验、密封性试验

（D）气候环境试验、振动试验、冲击试验、压力试验

3. 关于气候环境试验评价，下列哪种说法不准确？（　　　）

（A）低气压试验适用于评价空运时增压仓和飞行高度不超过 3500m 的非增压仓飞机内的运输包装件耐低气压的能力及包装对产品的保护能力，也可用于评价海拔较高的地面运输包装件。低气压试验不属于气候环境试验，属于压力试验

（B）气候环境试验主要包括温度、湿度、低气压、盐雾、雨淋、浸水、辐射等试验

（C）气候环境试验分为环境处理试验和环境预处理试验

（D）盐雾试验属于气候环境试验，用来评价运输包装件承受盐雾的能力和在盐雾环境中包装对产品的保护能力

4. 关于温湿度试验，下列哪种说法不准确？（　　　）

（A）温湿度试验是评价运输包装承受特定温湿度环境条件的能力和对产品保护能力的试验

（B）温湿度试验为恒温恒湿试验

（C）试验条件主要包括温湿度和试验时间的设定

（D）温湿度试验主要有恒定试验和交变试验两种方法

5. 关于定频振动试验，下列哪种说法不准确？（　　　）

（A）定频振动试验用于评价运输包装抵抗某一固定频率（共振和非共振）振动的能力和对产品的保护能力

（B）定频重复冲击试验是一种特殊的定频振动试验，它模拟实际运输中运输包装件与运输工具底板之间的持续反复冲击

（C）定频振动试验只考察运输包装件垂直方向的振动影响

（D）试验条件包括振动频率、加速度幅值或位移振幅、振动时间，应依据实际物流振动环境和运输时间选取

6. 运输包装变频振动试验包括（　　　）

（A）扫频振动试验、变频重复冲击试验

（B）扫频振动试验、扫频＋共振试验、变频重复冲击试验

（C）扫频＋共振试验、变频重复冲击试验

（D）扫频振动试验、扫频＋共振试验

7. 关于随机振动试验，下列哪种说法不准确？（　　）

（A）一般用加速度均方根来描述随机振动试验的输入和输出

（B）随机振动试验期望在实验室从统计学意义上构建一个与实际运输振动环境等价的随机振动，用于评价运输包装在实际运输振动环境下的抗振能力和对产品的保护能力

（C）试验条件包括输入的加速度功率谱和持续试验时间的设定

（D）一般用功率谱密度（PSD）方法来描述振动系统的输入和输出

8. 关于加速随机振动试验，下列哪种说法不准确？（　　）

（A）按损伤等效原理，可得到运输包装加速随机振动试验的时间压缩比公式

（B）加速试验时间压缩比选取要合适，建议取 $1/6 \sim 1/2$

（C）加速度功率谱放大因子可以在 $1.2 \sim 6.0$ 间取值

（D）加速度功率谱放大因子定义了施加于运输包装的实验室加速度功率谱与实际物流加速度功率谱之间的关系

9. 冲击试验用来评价运输包装在各种形式冲击下的抗冲击能力和对产品保护能力，主要包括（　　）

（A）水平冲击试验、跌落试验、大型运输包装件跌落试验和倾翻试验

（B）水平冲击试验、斜面冲击试验和跌落试验

（C）可控式水平冲击试验、斜面冲击试验、跌落试验、大型运输包装件跌落试验

（D）水平冲击试验和跌落试验

10. 关于跌落试验，下列哪种说法不准确？（　　）

（A）跌落试验用于评价运输包装件自由跌落时的抗冲击能力和包装对产品保护能力，适用于较小的运输包装件

（B）试验分面跌落、棱跌落和角跌落三种

（C）跌落试验用于评价运输包装件自由跌落时的抗冲击能力和包装对产品保护能力，适用于所有大小和重量的运输包装件

（D）试验条件包括跌落高度、跌落姿势和跌落次数，应依据实际物流跌落情况选取

11. 关于大型运输包装件跌落试验，下列哪种说法不准确？（　　）

（A）可以采用起重机、叉车或专用试验设备等任何适宜的设备，用于在一端吊起大型运输包装件

（B）大型运输包装件的跌落高度一般在 $30 \sim 80 \mathrm{cm}$ 范围内选取

（C）试验分面跌落、棱跌落和角跌落三种

（D）大型运输包装件的跌落高度一般在 $10 \sim 30 \mathrm{cm}$ 范围内选取

12. 关于堆码试验，下列哪种说法不准确？（　　）

（A）用于评价运输包装件的抗压能力和包装对产品保护能力

（B）试验条件包括堆码载荷和温湿度两项条件

（C）分为实物堆码和模拟堆码两种

（D）试验条件包括载荷、载荷持续时间、温湿度等，应依据实际物流堆码情况确定

13. 机械搬运试验主要分为（ ）

（A）起吊试验、叉车搬运试验和推拉搬运试验

（B）起吊试验、夹紧搬运试验、叉车搬运试验和推拉搬运试验

（C）起吊试验、夹紧搬运试验和推拉搬运试验

（D）起吊试验和叉车搬运试验

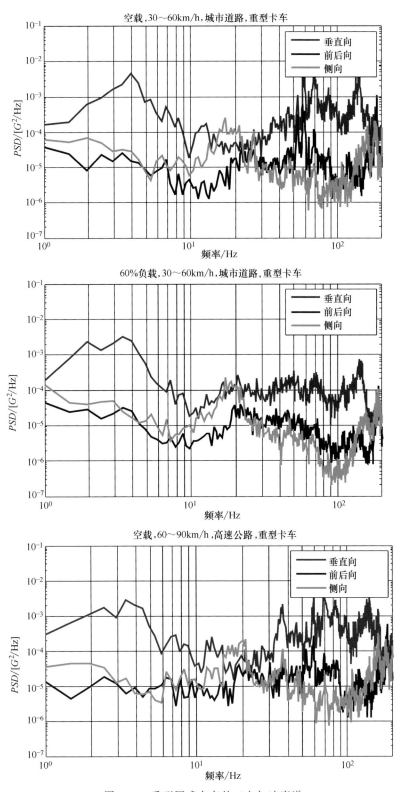

图 1-10　重型厢式卡车的三向加速度谱

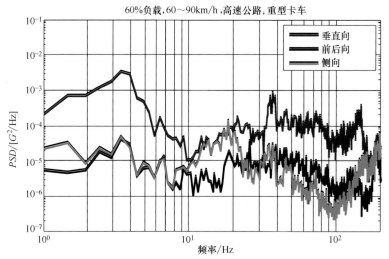

图 1-10　重型厢式卡车的三向加速度谱（续）

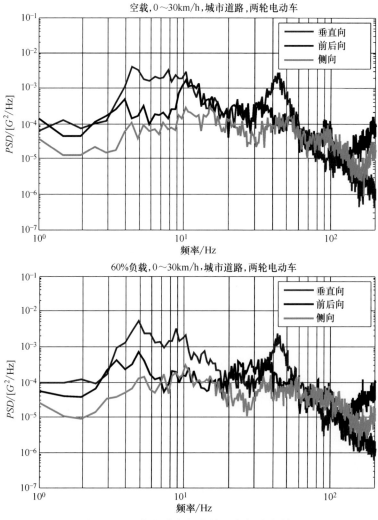

图 1-11　两轮电动自行车的三向加速度谱

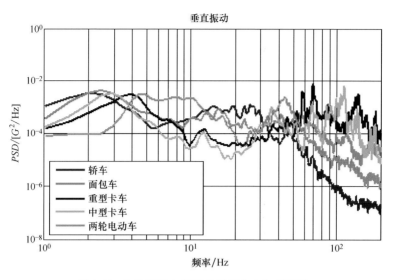

图 1-12　5 种车型空载下的垂直方向加速度谱

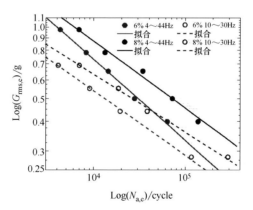

图 2-17　印刷油墨的振动磨损边界

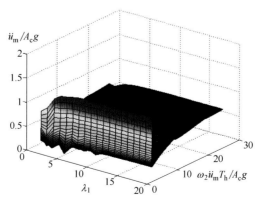

图 2-23　包装件受半正弦脉冲冲击的破损边界

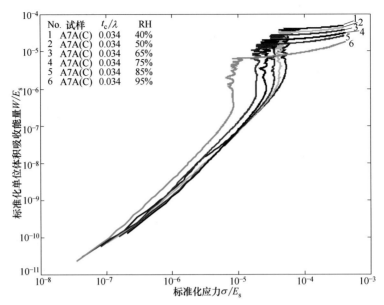

图 3-26 多层瓦楞纸板跌落冲击能量吸收图

（厚跨比 0.0334，相对湿度 40%～95%）

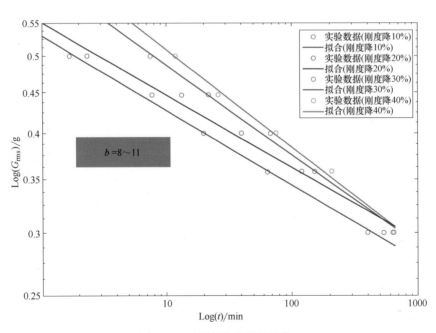

图 6-10 瓦楞纸箱的材料常数 b